ANIMAL SCIENCE

林 良博・佐藤英明・眞鍋 昇［編］

第2版

アニマルサイエンス⑤

ニワトリの動物学

岡本 新［著］

東京大学出版会

Zoology of Domestic Fowls 2nd Edition
(Animal Science 5)
Shin OKAMOTO
University of Tokyo Press, 2019
ISBN978-4-13-074025-8

刊行にあたって

アニマルサイエンスは，広い意味で私たち人類と動物の関係について考える科学である．対象となるのは私たちに身近な動物たちである．かれらは，産業動物あるいは伴侶動物として，人類とともに生きてきた．そして，私たちに「食」を「力」をさらに「愛」を与え続けてくれた．私たちは，おそらくこれからもかれらとともに生きていく．私たちにとってかけがえのない動物たちの科学，それがアニマルサイエンスである．

しかし，かつてはたしかに私たちの身近にいたかれらは，しだいに遠ざかろうとしている．私たちのまわりには，「製品」としてのかれらはたくさん存在するが，「生きもの」としてのかれらを目にする機会はどんどん減っている．そして，研究・教育・生産の現場からもかれらのすがたは消えつつある．20 世紀における生物学の飛躍的な発展は，各分野の先鋭化や細分化をもたらした．その結果，動物の全体像はほとんど理解されないまま，たんなる「材料」としてかれらが扱われるという状況を産み出してしまった．

アニマルサイエンスの研究・教育の現場では，いくつかの深刻な問題が生じている．研究・教育の対象とするには，産業動物は大きすぎて高価であり，飼育にも困難が伴うため，十分な頭数が供給されない．それでも，あえてかれらを対象に研究を進めようとすると，小動物を対象とする場合よりもどうしても論文数が少なくなる．そのため若手研究者が育たず，結果として産業動物の研究者が減少している．また，伴侶動物には動物福祉の観点からの制約がきわめて多いため，代替としてマウスやラットなどの実験動物を使って研究・教育を組み立てざるをえない状況にある．一方，生産の現場では，生産性の向上，健康の維持管理など，動物の個体そのものにかかわる問題が山積しているにもかかわらず，先鋭化・細分化する研究・教育の現場とうまくリンクすることができない．このような状況のなかで，動物の全体像を理解することの重要性への認識が強まっている．

本シリーズは，私たちにとって産業動物や伴侶動物とはなにか，そしてかれらと私たちの未来はどうあるべきかについて，ひとつの答を探そうとして企画された．アニマルサイエンスが対象とする動物のなかからウマ，ウシ，イヌ，ブタ，ニワトリの５つを選び出し，ひとつの動物について著者がそれぞれの動物の全体像を描き上げた．個性あふれる動物観をもつ各巻の著者は，研究者としての専門分野の視点を生かしながら，対象とする動物の形態，進化，生理，生殖，行動，生態，病理などのさまざまなテーマについて，最新の研究成果をふまえてバランスよく記述するよう努めた．各巻のいたるところで表現される著者の動物観は，私たちと動物の関係を考えるうえで豊富な示唆を与えてくれることだろう．また，全５巻を合わせて読むことにより，それぞれの動物の全体像を比較しながら，より明確に理解することができるだろう．

各巻の最終章において，アニマルサイエンスが対象とする動物の未来について，さらにかれらと私たちの未来について，編者との熱い議論をふまえて，大胆に著者は語った．アニマルサイエンスにかかわるあらゆる人たちに，そして動物とともにある私たち人類の未来を考えるすべての人たちに，本シリーズが小さな夢を与えてくれたとしたら，それは編者にとってなにものにもかえがたい喜びである．

第２版の刊行にあたっては，諸般の事情により，大阪国際大学人間科学部の眞鍋昇教授に編者として加わっていただいた．

林　良博・佐藤英明

目次

第1章 誇り高き小さな勇者
ヒトとニワトリのかかわり

「明け方近く，遠くで鳴いているニワトリの声を耳にしたことはありませんか」という問いかけに，どのくらいの日本人が素直にその情景を思い浮かべることができるであろうか．

古来，夜明け前，地上から天空へ一直線に駆け昇る鶏鳴は，夜という闇にピリオドを打ち，明るく希望に満ちた朝を迎え入れるための合図だった．暗黒という恐怖を追い払うためには，いかなることがあってもかならず執り行われねばならないセレモニーであり，その使命を受けもたされたニワトリたちの凛とした姿には，誇りと自信が満ち溢れていた．ヒトとニワトリの出会いについて想像してみるとさまざまなことが考えられるが，この夜明けを告げるという点に人々はもっとも魅せられたのではないだろうか．事実，古代西洋文明においては太陽神になぞらえられ，日本においても，古事記によれば天照大神が天の岩戸に隠れたのち，暗黒の世界を救うために活躍したのは長鳴鳥（ながなきどり），すなわちニワトリであった．その後，人々のこの小さな鳥に託す思いはとどまることを知らず，未来，繁栄，権力，勇気，愛，希望といった，われわれが自由に操ることのできないものに対する神からの代弁者としての役割を演じさせていくことになった．

これらのことは，ヒトがニワトリと出会ったときから，食の対象としてより，かれらの不思議な能力に心を奪われたと解釈すると，当然のなりゆきである．しかしながら，ヒトの関心がニワトリ自身，つまり肉あるいはその生産物である卵に向かいはじめるにしたがい，ヒトはニワトリに新たな役割を求めるようになった．ニワトリに対する憧れ，畏敬の念が昇華し，かれらを聖鳥あるいは霊鳥として崇めながら，一方では生きるための糧として利用するという二面性を認識したうえで，ヒトは今日までニワトリとの関係を築いてきたわけである．

さて，この章ではヒトとニワトリのかかわりを念頭に，ニワトリの歩んできた環境をできるだけ忠実に紹介し，真の姿というものを描写できたらという思いで話を進めていきたい．

1.1 鳥類としての素顔

鳥類とは

現在，地球上で知られている鳥はおよそ9000種と考えられている．それぞれの種は，自分をとりまく環境に対して生態，形態および生理などをじつに巧妙に適応させながら生きている．これは鳥類に限らず哺乳類，爬虫類さらには地球上の生物全般に共通することであり，生物が多様性に富んでいる所以である．

鳥類の特徴をあげてみると，飛翔能力があること，体温が一定であること，羽毛があること，の3つが考えられる．このうち前二者は鳥類にだけみられる特質ではない．飛ぶことはハチなどの昆虫類にもみられ，また，定温動物であるという点では哺乳類と同じである．唯一，羽毛が鳥類だけのものである．しかしながら，飛ぶということに関しては鳥類に勝るものはなく，鳥たちは空を自由に飛ぶことにより，地上での捕食者たちから逃れる術を身につけ，自らの力でその生活空間を広げていったのである．

そのむかし，爬虫類である恐竜たちが地上で覇権を争っていた時代，小さな恐竜のなかからうろこの代わりに羽毛をもつものたちが出現した．その動物たちは羽毛をもつがゆえに，自分たちの体温調節に独自の工夫をする必要に迫られた．つまり，羽毛により，からだのなかで発生させた熱をからだの外へ失うことが少なくなった，と同時に今まで利用していた自分のまわりの熱をからだのなかへとりこむことがむずかしくなったのである．皮膚に羽毛をまとった動物たちは，断熱性とひきかえに定温を求めるという道を選択する必要が生じたわけである．その後，かれらは大きく発達した羽毛が自分のからだを空中に浮かすことに適していることに気づくようになる．このできごとは，羽毛をもつ小さな恐竜たちにとって，今までの生活観を根底から覆す画期的なことであった．飛ぶことによって得られる自由は，かれらに地上では望めない繁栄を確実に示唆していた．かれらにとって，より高度な飛翔力を求めることに迷いがあろうはずはなく，飛ぶために自分の機能を変化させはじめ，しだいに鳥としての位置をかためていったのである．

空を自由に飛べるということが，鳥類の最大の特質であるが，なかには飛ぶことのできない鳥も存在している．鳥類のなかでダチョウ，エミューなどの走鳥類やペンギン類およびほかの一部の鳥たちは飛翔力をもっていない．しかし，走鳥類は地上をかなりのスピードで走る能力に恵まれ，また，ペンギン類は水中を自由に泳ぐことが可能である．なぜ，かれらは本来備わっていた飛翔能力を捨てて，飛べない鳥として進化してきたのであろうか．飛べない鳥たちの事情をすべて同じに解釈するのは不可能である．ただいえることは，かれらのおかれた環境のなかでは，飛べることの利点以上のものが，飛べないことのなかに存在していたにちがいない．

鳥類のなかで

鳥類の特徴を飛ぶことについて論じてきたが，実際にニワトリの生態を観察すると，積極的に飛ぶという習性はあまりみられない．どちらかというと，飛べない鳥といったほうが正確かもしれない．しかし，飛翔能力に関する鳥類本来の体制を受け継いでいることは明らかで，からだをできるだけ軽くするような構造と機能を多くもっている．

ニワトリは鳥類のなかでキジ科のグループにふくまれる．くわしく述べると，キジ目（鶉鶏目（じゅんけいもく））Galliformes キジ科 Phasianidae ニワトリ属 *Gallus* に分類される．属名である *Gallus* はラテン語で雄のニワトリを意味している．ニワトリ属は，ニワトリ *Gallus gallus domesticus* のほかにセキショクヤケイ *Gallus gallus*，ハイイロヤケイ *Gallus sonneratii*，セイロンヤケイ *Gallus lafayettii* およびアオエリヤケイ *Gallus varius* のヤケイ４種より構成されている．ニワトリの近縁種としては，キジ *Phasianus*，シャコ *Francolinus*，ヤマドリ *Syrmaticus*，ウズラ *Coturnix*，セイラン *Argusianus*，クジャク *Pavo*，シチメンチョウ *Meleagris*，ホロホロチョウ *Numida* などが知られている．また，現在家禽すなわち家畜化された鳥類として親しまれている多くの種は，そのほとんどがキジ目とガンカモ目（雁鴨目（がんおうもく））Anseriformes にふくまれる．

ところで，一般的にはニワトリの分類学上の種名は *Gallus gallus domesticus* として受け入れられている．ニワトリの種名については，その成立とも深くかかわりがあり，つぎの「祖先との絆」の節で改めて考えてみたい．なお，本書におけるニワトリとは，家畜化された，すなわち程度のちがいはあったとしても人為的に改良された集団をさすことにする．

家畜のなかで

家畜はヒトがいなければ存在しなかったというのは真実であり，また，家畜がいなければ人類の歴史の歯車は効率よくまわらなかったというのも，史実をひもとけば明らかである．

家畜とは，たんに野生の状態から人間社会に移され，そして馴化された動物をさすのではなく，「人間の飼養管理の下で繁殖が可能であり，人間の利用目的に適するような形質・能力をもつものに人間によって遺伝的に変化させられ，そのような性質を子孫に伝えることができるもの」というのが一般的な定義である（水間 1982）．この概念をあてはめると，家畜とよべる動物の数は非常に限られ，また，そのほとんどが有史以前に家畜化されている．

家畜を大きく哺乳類と鳥類に分けるとすると，ニワトリは後者にふくまれる．ニワトリの特性をみると，からだが小さく，気候風土に対する順応性がきわめて高いといった，家畜としてはもっとも好ましい条件をもっている．このことは，ニワトリが世界中で飼われていることの理由の1つである．また，生産物である肉や卵は，われわれの食生活には欠かすことのできないものであり，羽毛は装飾品などに利用できる．このように経済性の面においても申し分のない特性をもっており，ニワトリは家畜のなかの優等生である．

2つの性

さまざまな模様の羽毛や鮮やかな色の羽色をもつ雄のニワトリは，非常に美しいものである．色彩だけでなく，骨格と羽装がつくりだす全体のフォルムは，その美しさを倍増させている．一方，雌の外貌はきわめて地味であり，雄に比べるとからだも小さく，体重は雄の 70–80% といったところである．

雄の派手さは，自己主張を表現している．昼間に活動の主体をおくニワトリにおいて，明るいところでいかにめだつかは，自分のテリトリーを守ったり，繁殖のためにどれだけ多くの雌をひきつけられるかを大きく左右する．だから，雄にとって美しさは強さの象徴なのである．

雌が地味なのは，就巣性と関連がある．就巣とは，抱卵と育雛の習性をさす．ニワトリの雌は，地上に巣をつくり抱卵を開始する．雌は，外敵に対して自分をめだたなくすることにより卵を，そして孵化してからは雛を守っているのである．だから，雌が地味であることは，「母性愛」のあかしといえる．

1.2 祖先との絆

原種から家畜へ

現在，われわれのまわりにいる家畜の成り立ちについて考えてみると，それぞれの家畜には原種とよばれる野生種が想定される．つまり，原種からの延長上に家畜が存在しているわけである．人々がこの考えに気づきはじめたのは比較的新しく，19世紀なかば以降である．それまでは，ヒトと同じように家畜も神によって創造されたものだという思想が信じられており，18世紀の初めにおいては「種は不変である」という考え方が支配していた．そのような背景のなか，家畜にはそれぞれ歴史があり，数千年という永い時の流れにたくみに身を任せながら進化してきたという説をはじめて示したのは，スイスの動物学者リュティマイエルである．かれによって，家畜史の研究が動きはじめたといえる（加茂 1973）．

家畜は，ヒトが長い時間を費やしつくりだした動物である．自然の環境のなかで生きていた動物たちが，少しずつ人間社会に足を踏み入れ，なんらかの人為的な力を許容するようになってすぐ，かれらを家畜とよびはじめるのは唐突すぎる．野生動物を家畜化していく際の第一歩は，飼い馴らすことにある．すなわち馴致である．おそらくわれわれの祖先は，さまざまな動物に対して馴致を試みたと思われる．馴致されるということと同時に，動物たちにはヒトの暮らしをとりまく気候風土などに適応することが要求された．しかし，そのハードルは意外に高く，どれだけの動物たちがふたたび野生のなかへ戻っていったことだろう．これらの洗礼を受けた動物たちは，ヒトと同じ環境のなかに自分たちの生きる場所を確保し，それぞれの地域に定着していくことになった．いわゆる在来種たちの誕生であり，「家畜は土地がつくる」といわれる理由である．在来種の第一の特徴は，改良の圧力をほとんど受けていないことであり，形質の大部分は原種からそのまま引き継いだ状態である．しかしながら，人々の観察力は在来種のもつ可能性を見逃さなかった．在来種のなかから選ばれた動物たちは，それぞれ期待された目標をめざして，改良という大きな波に運ばれながら真の家畜へとたどり着くことになった．

４種のヤケイ

現在，南アジアから東南アジアにかけて分布している4種のヤケイたちは，ニワトリと同じく *Gallus* 属を構成している（図1-1）．ヤケイは，ニワトリの原種であると考えられており，ニワトリの成立を考察するうえでまさに生きた情報をわれわれに提供してくれる．ヤケイたちに共通する特徴をニワトリと比較してみると，

①体型が小型である．
②飛翔力がある．
③雄は美しく雌は地味である．
④冠（とさか）は単冠である．
⑤繁殖期があり産卵数は5個前後である．
⑥警戒心が強くヒトにはほとんど馴れない．

などである．それではヤケイごとにくわしくみていくことにする（橋口1986を参照）．

（1）セキショクヤケイ（*Gallus gallus*; 図1-2）

4種のなかではもっとも広い生息域をもっている．インドでは，北はヒ

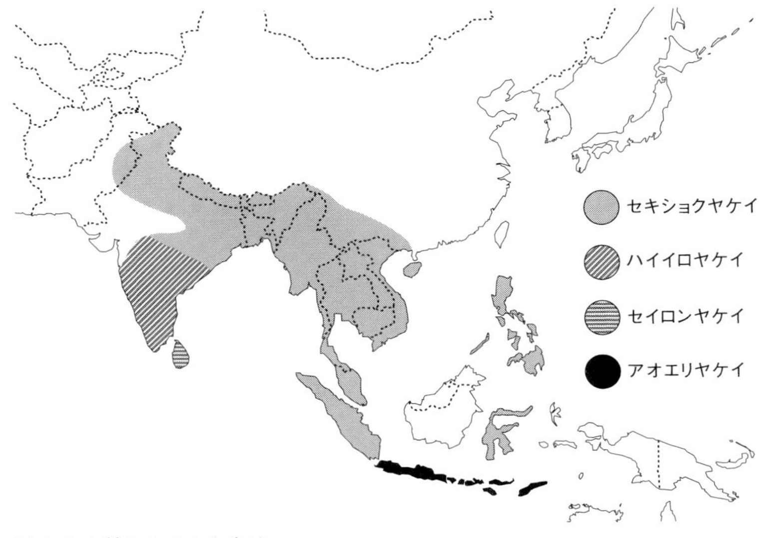

図 1-1 4種ヤケイの生息域

マラヤに沿ってカシミールまで分布し，ネパール，ブータンの高地に生息域を広げている．南はインド亜大陸中央のゴダバリ河を境に，ハイイロヤケイとすみわけているといわれる．さらにベンガル，シッキム地方からビルマをはじめとするインドシナ半島のほぼ全体にわたり，マレー半島からフィリピン，インドネシア，そして南太平洋諸島まで及んでいる．すなわち，セキショクヤケイは赤道を挟んで熱帯，亜熱帯，温帯に分布していることになり，かれらの気候風土への適応性の高さを物語っている．雄の羽色は赤笹(あかざさ)で，頸(くび)はオレンジ様黄色を呈し，岬羽(みさきばね)とよばれる長い飾羽が頸の付根から背部まで伸びている．尾羽は7対あり，1対の謡羽(うたいばね)は低く弧を描くように伸びている．冠は，赤色の鋸歯状に深く切れこみをもつ直立した単冠である．雌は，黄褐色の地に，梨地斑(なしじはん)といわれる小斑が散在し，暗い羽色である．頸はオレンジ色で，胸は鮭色，腹部はクルミ色の綿毛で覆われている．脚は，雌雄ともに鉛色の脚鱗(きゃくりん)で包まれている．一繁殖期に卵を平均5–8個産み，卵殻は無斑である．なお，雌においては，ほかの3種のヤケイも基本的にはセキショクヤケイの雌と同じ色彩を帯びている．

図 1-2 セキショクヤケイ

図 1-3 ハイイロヤケイ（樋口勉氏撮影）

図 1-4　セイロンヤケイ

図 1-5　アオエリヤケイ（樋口勉氏撮影）

（2）ハイイロヤケイ（*Gallus sonneratii*; 図 1-3）

ボンベイからマドラスにいたる南西インド全域に分布する．雄は，頸から胸，背にかけて軸斑のある灰色の笹型羽で覆われている．冠，肉髯，耳朶は赤色で，脚色は揚柳色である．一繁殖期に 4-8 個の卵を産み，卵殻は無斑である．

（3）セイロンヤケイ（*Gallus lafayettii*; 図 1-4）

インドの南東に位置するスリランカ島にのみ生息している．雄の頸羽，覆翼羽は，淡い麦稈色から濃い黄金色で羽軸に沿って黒色の縦縞を有する．背，胸および下部は橙赤色，尾部は緑青色，頸の下部に紫色の斑紋がある．冠は，赤色で切れこみがなく，中央に黄色斑がある．脚は淡黄色を基調にして全体にサーモンカラーとよばれる紅色を帯びる．一繁殖期に 2-4 個の卵を産み，卵殻には斑紋がある．

（4）アオエリヤケイ（*Gallus varius*; 図 1-5）

インドネシアのジャワ島からアロール島までの小スンダ列島に分布している．このうちジャワ，バリ，ロンボク島では，セキショクヤケイと分布域が重なっている．アオエリヤケイの雄は，青紫の蛍光を帯びた黒色で全身を覆われているが，肩は赤褐色，背は薄くオレンジ色を帯びる．冠も青紫色を帯び切れこみはない．ほかの 3 種のヤケイでは，顎の下から垂れている肉髯は左右 1 対であるが，アオエリヤケイの肉髯は，中央に 1 枚だけある．脚色はわずかに鉛色がかった白である．一繁殖期に 5-8 個の卵を産み，卵殻は無斑である．

以上，各ヤケイについてその特徴を述べてきたが，からだの名称については図 2-1，図 2-2，図 2-3，図 2-4 を参照していただきたい．

単源説と多源説の接点

ヤケイたちの生息域が，南アジアから東南アジアに限られていることを考えると，この地域においてニワトリの家畜化がはじまったことはほとんどまちがいないであろう．4 種ヤケイのうちいずれがニワトリの原種であるかについては，2つの考え方がある．いわゆる単源説（一元説）と多源説（多元説）である．

単源説は，チャールズ・ダーウィンが提唱したもので，以下のような根拠にもとづき，セキショクヤケイだけを祖先種と考えている（Darwin 1868）．

①ニワトリとヤケイの交雑種のなかで，つねに繁殖力を有するのはセキショクヤケイとの交雑種だけであり，ほかのヤケイとの交雑種は繁殖力をもたない場合がある．
②セキショクヤケイの生息域がヤケイのなかでもっとも広い．
③ニワトリ間の交雑試験を試みたところ，セキショクヤケイによく似た個体を作出できたが，ほかのヤケイに似た個体は出現しなかった．
④在来種のなかには，セキショクヤケイとよく似た羽色と体型をもつものがいる．

一方，多源説は，セキショクヤケイだけでなく2種あるいはそれ以上のヤケイがニワトリの成立に関与しているという考えで，つぎのような点をよりどころにしている．

①ニワトリの品種分化は，きわめて多種多様である．
②セキショクヤケイ以外のヤケイでも，ニワトリとのあいだに雑種をつくることが可能であり，それらのなかには繁殖力をもつものがいる．

2つの説を導き出している根拠はいずれも事実ではあるが，突き詰めようとすればするほど，一転して対立する説を擁護しかねないという脆さがみえ隠れしているように思える．おそらく，*Gallus* 属の鳥たちに関する情報が，依然として不足していることが第一の原因であろう．しかし，セキショクヤケイだけが，驚くほど広い生息域をもち，環境に対して優れた適応性を備えている点は，ニワトリの成立の過程でもっとも大きな影響力を与えたことはまちがいないと考える．また，現時点で単源説と多源説に結論を出すには早急すぎる．この問題はまだ進行中であり，今後，新たな解析結果が待たれるところである.

さて，もし現存するヤケイがセキショクヤケイだけであったらどうだろう．われわれは，迷うことなくセキショクヤケイからニワトリを直線的に結びつけ，セキショクヤケイを祖先種と断定するにちがいない．そもそも単源説あるいは多源説を生み出した大きな理由は，今日まで4種のヤケイが生き続けていることにあり，かれらの歩いてきた道を同じ視点でみているからではないだろうか．すなわち，ヤケイたちにもそれぞれ歴史があり，ニワトリの成立を探る作業とともにヤケイの相互関係にもっと注目する必要がある．ひょっとしたら，ヤケイの原始形態というものが明らかにされ，ヤケイのなかのヤケイが決定できるかもしれない.

以上のようなことをふまえて，ふたたびニワトリの種名について考察してみたい．ニワトリの学名は，*Gallus gallus domesticus* が一般的である．この種名は *Gallus gallus* であるセキショクヤケイと同じで，単源説を受け入れた種名である．かりに多源説を支持するとしたら，*Gallus domesticus* になると，芝田清吾は，その著書『日本古代家畜史の研究』(1969) のなかで述べている.

祖先を探る手法

これまでニワトリとヤケイとの類縁関係を調べるために，生態学，形態学，解剖学はもとより，血液中のタンパク質を標識とした遺伝生化学，染色体分析を用いた細胞遺伝学，さらに最近では，DNA 解析による分子遺伝学的研究が進められてきている.

ここで，これまでのいくつかの報告を紹介してみよう．インドネシアにおけるセキショクヤケイとアオエリヤケイの行動追跡によると，両種の行動には相違があるという (林ほか 1983)．また，ニワトリの羽色，羽装，冠および脚色などの形態形質を調査し，それらの遺伝子頻度より，わが国へのニワトリ遺伝子の渡来ルートを推定した研究がある (野澤・西田 1970)．さらに，インドネシア，スリランカ，中国，バングラデシュ，ネパールおよびベトナムの在来鶏とヤケイの血液タンパク質多型を分析し，遺伝子頻度をもとに枝分かれ図が作成された (図 1-6; 橋口ほか 1983, 1986, 1995; 前田ほか 1988; Yamamoto *et al.* 1992, 1998)．それらの枝分か

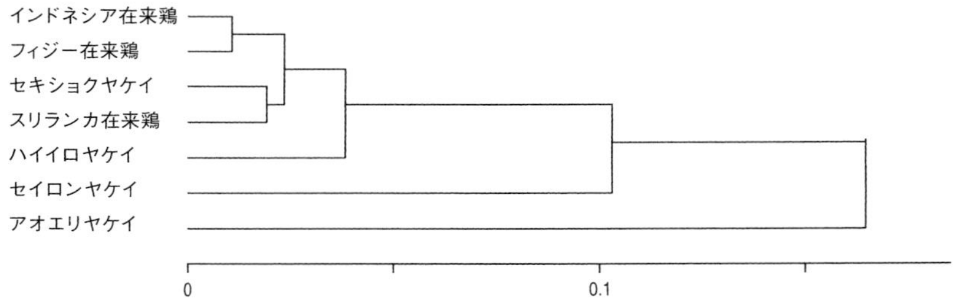

図 1-6 ヤケイおよび在来鶏の枝分かれ図（橋口ほか 1986 より作成）

れ図において共通することは，ヤケイのなかでセキショクヤケイだけが在来鶏集団と同じクラスターにふくまれ，アオエリヤケイだけがいつもかなり離れたところに描かれるということであった．

Gallus 属の核型

核型とは，染色体の数と形態によって表される生物種の特徴である．核型分析を行い染色体を同定することにより，動物種の類縁関係を調べ系統進化を推定することは，染色体が同一種内ではその数および形態が安定しているという事実によっている．染色体数の多少と動物の高等・下等にはかかわりがなく，また，同じ染色体数をもつ動物においても，高等なものから下等なものまでさまざまなものが存在している．このことは，染色体数という点だけに注目して系統の上下関係を論究することの困難さを示している．

近縁関係あるいは系統進化を染色体の面から考察する場合，まず染色体数の比較を行い，さらに核型の近似性を検討する必要がある．核型の近似性は，通常基本腕数とよばれる FN 値（fundamental number）によって評価される．FN 値とは，性染色体を除いた染色体，つまり常染色体の腕の数である．1つの M 型あるいは SM 型染色体は，2つの A 型染色体が動原体部で癒着した結果，形成されたという考え（ロバートソン型融合）にもとづいている．

さて，*Gallus* 属の鳥たちの染色体数についてみると，4種ヤケイおよびニワトリともに $2n=78$ である（表 1-1; Okamoto *et al.* 1988）．核型につ

表 1-1 ヤケイおよびニワトリの染色体数（Okamoto *et al.* 1988）

鶏種	分析細胞数	染色体数						
		<76	76	77	78	79	80	80<
セキショクヤケイ	100	16	3	2	75	2	1	1
ハイイロヤケイ	100	16	4	3	68	5	3	1
セイロンヤケイ	100	13	5	2	74	2	3	1
アオエリヤケイ	100	18	5	1	71	1	2	2
白色レグホン	100	6	4	4	81	2	2	1

表 1-2 ヤケイおよび F_1 の染色体（Okamoto *et al.* 1991, 1994 より作成）

染色体 No.	セキショクヤケイ ハイイロヤケイ セイロンヤケイ	アオエリヤケイ	F_1 （アオエリヤケイ×岐阜地鶏）
1, 2	SM	SN	SM
3	A	ST	ST & A
4	ST	ST	ST
5, 6, 7, 9	A	A	A
8, Z, W	M	M	M
10-38	A	A	A

M：中部動原体型，SM：次中部動原体型，ST：次端部動原体型，A：端部動原体型．

いては，セキショクヤケイ，ハイイロヤケイおよびセイロンヤケイはすべて同じであり，それはまたニワトリのものと一致する（図 1-7）．しかし，アオエリヤケイは，これら 4 種とは異なっていることが報告されている（表 1-2; 岡本ほか 1991; Okamoto *et al.* 1994）．すなわち，No. 3 染色体において，前四者は A 型であるのに対し，アオエリヤケイは ST 型である．さらに，この事実は，FN 値に関してもニワトリおよび 3 種ヤケイが 84，アオエリヤケイが 86 というちがいも明らかにしている．これらの解釈については，つぎの 2 つの推論が可能である．すなわち，アオエリヤケイの No. 3 染色体は，

①微小染色体群の 2 対（A 型）のロバートソン型融合による相互転座の結果，形成された．
②初め A 型であったものが，動原体部をふくむ逆位によって形成された．

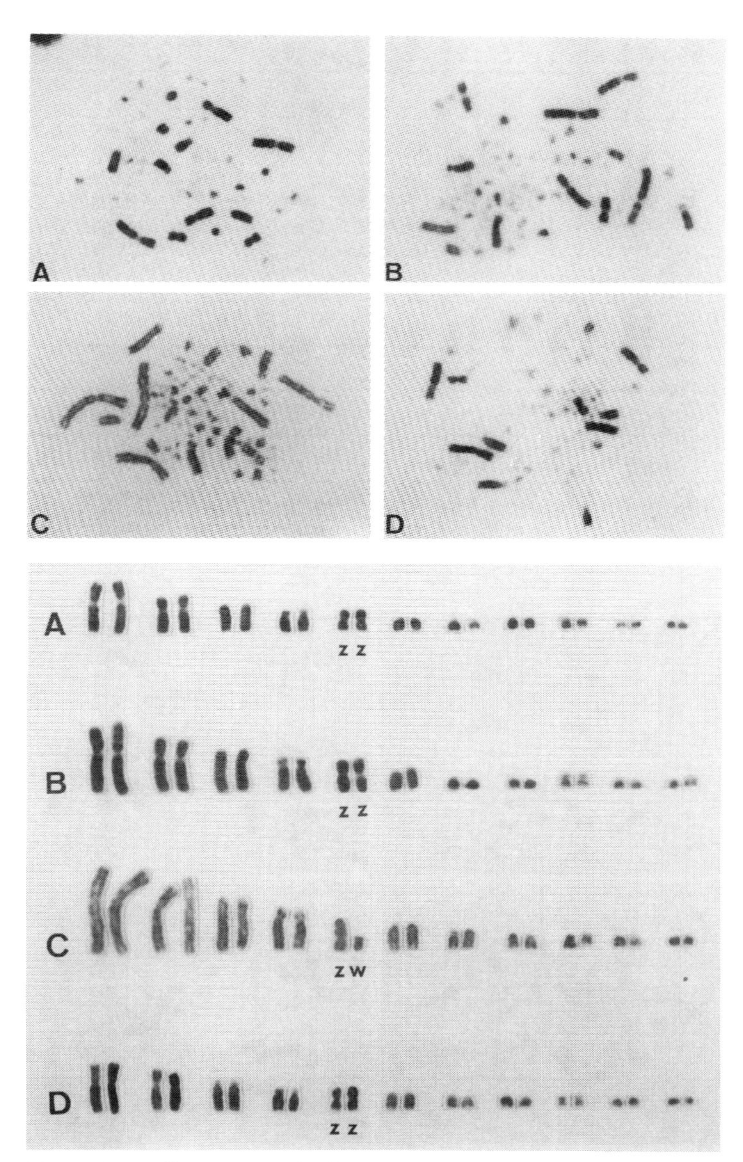

図 1-7 上は４種ヤケイの分裂中期像（Okamoto *et al.* 1988），下は４種ヤケイの大型染色体（No. 1-10, Z, W）（Okamoto *et al.* 1988）
A：セキショクヤケイ（雄），B：ハイイロヤケイ（雄），C：セイロンヤケイ（雌），D：アオエリヤケイ（雄）．

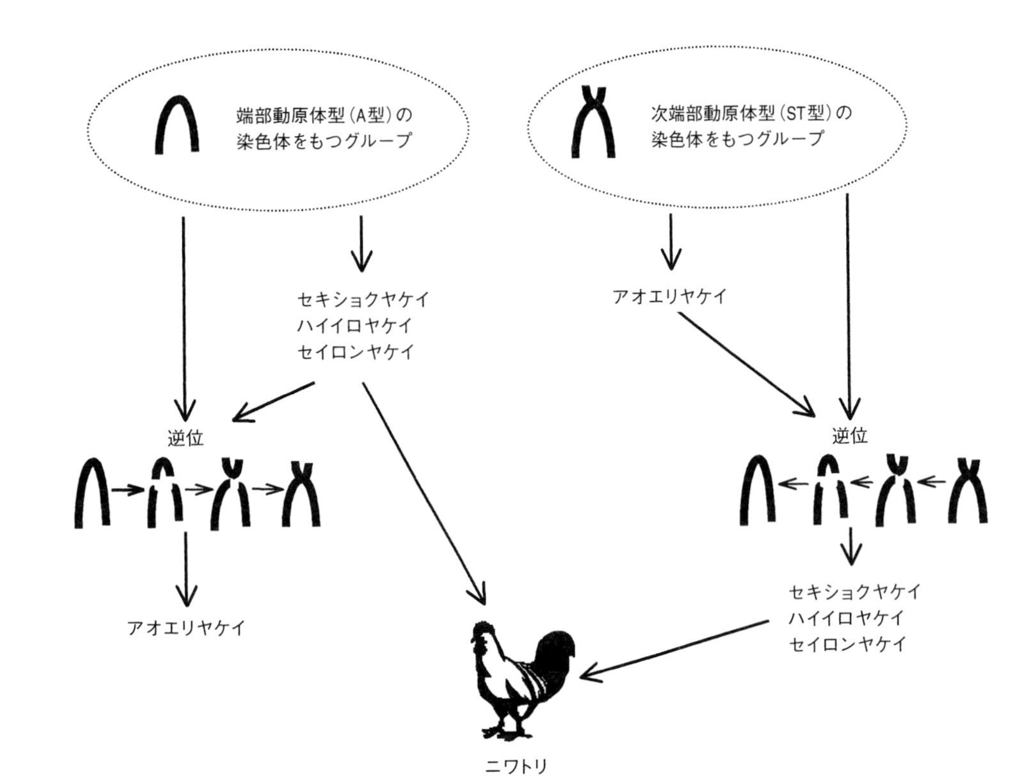

図 1-8 *Gallus* 属における No. 3 染色体の原始形態

である．①では，アオエリヤケイの染色体数は，ほかの3種ヤケイに比較して元来1対多いということを前提に，ロバートソン型融合が起こることにより染色体数が1対減少し，結果的にほかの3種ヤケイと染色体数が等しくなったと考えられる．しかし，これまで得られている核型分析の情報では，過去の染色体数の証明は不可能である．②では，No.3染色体自身の変化により形態が変化したわけであるから，染色体の増減はまったく関係ないことになり，アオエリヤケイがほかのヤケイおよびニワトリと染色体数が同じであることは当然である．また，逆位現象は，3種ヤケイおよびニワトリにも十分起こりうることであるから，No.3は本来ST型の染色体であったが，逆位によりA型に変化したという可能性も考えられる．

ここまで，No.3染色体の形態的相違について述べてきたが，①については過去の染色体数の壁があり，それ以上先には想像がふくらまない．そこで，②の推論をもとにニワトリの成立について考察してみたい（図1-8）．近縁種間の関係を染色体をもとに論じる場合，同じ染色体数をもっていることはきわめて重要であり，この点に関しては4種ヤケイとニワトリはすべて$2n=78$で，系統分類学的に同一群（属）としてとりあつかわれていることは妥当であると考えられる．

つぎの論点は，No.3の原始形態がA型あるいはST型のどちらであったかということである．A型であったとすると，進化の過程で逆位によりST型に変化したものがアオエリヤケイになり，A型を保持してきた集団からセキショクヤケイ，ハイイロヤケイおよびセイロンヤケイが派生し，さらにニワトリの成立に関与したと推察される．一方，ST型であったとすると，4種ヤケイのなかではアオエリヤケイだけがその形態を維持していることになり，ほかの3種はアオエリヤケイを母体として出現したことになる．これら2つの仮説について，現時点でどちらが有力であるかなどについては推論できない．ただ少なくとも，4種ヤケイのなかでニワトリの成立に関しては，アオエリヤケイだけはほかの3種とは異なったかかわり方をしているように思える．

1.3 ヒトとのつながり

出会い

家畜化のはじまりについて言及するとき，その1つとして，ヒトが野生動物のなかに自分たちにとってなんらかの利益となるものを見出したところを起点と考えることができる．しかしながら，それよりももっと前の場面を想像してみよう．われわれの祖先が狩猟生活を営んでいた時代，ヒトは生きていくうえで自分の経験だけをたよりに動物たちと向かい合っていた．おそらく，ヒトはさまざまな動物たちを「危害を及ぼすもの，食の対象，あるいは自分たちの生活とは無関係なもの」などといった基準で区別し，一方，動物たちも同じようにしてわれわれヒトをながめていたにちがいない．したがって，両者が出会うと，逃げるか，追うか，あるいは無視する，といった行動しか生まれなかったと想像される．しかし，あるとき偶然に相手に対して打算的な新しい発見が生まれ，それまで本能に刻まれていた掟が消え去り，今までには起こりえなかった交流が生じたのではないだろうか．そこにはそれぞれの抱いた大きな企てが横たわっているように思えてならない．

ニワトリの故郷

ヤケイたちが南アジアから東南アジアに生息していることを考えると，おのずとこれらの地域がニワトリ発祥の地であることは想像される．ニワトリの存在を示すもっとも古い証拠は，インド西北部，そのむかしインダス文明（紀元前2300-1800年）が栄えたモヘンジョ・ダロの都市遺跡から発見されている．出土物のなかにふくまれていた大腿骨は，ヤケイのものと比較するとかなり大きく，また，ニワトリをかたどった印章や粘土像もいっしょに出土している．印章には，2羽のニワトリが闘っているようすが刻まれていることから，この時期すでに闘鶏が行われていたと思われる（図1-9）．これらの事実は，ニワトリが馴化という段階からさらに進んだ状態におかれていたことをうかがわせる．それゆえ家畜化のはじまった時期については，これより以前，紀元前3000年ごろであると考えられてい

図1-9 闘鶏が描かれているラオスの絵葉書

る．その後，紀元前 1600 年，アーリア人が北方よりインダス渓谷に侵入したとき，かれらはそこにニワトリをみつけ，闘鶏というものをはじめて知った．当時の飼養目的を明らかにする資料は乏しいが，インダス文明におけるニワトリの役割は実用的なものではなく，雄鶏の崇拝，闘鶏および夜明けを告げる聖鳥として用いられていたといわれ，食の対象としては扱われていなかったと考えられている（加茂 1973）．

現在，ニワトリは世界中に分布しているにもかかわらず，モヘンジョ・ダロ遺跡より以前にニワトリの存在を示す手がかりはなにも得られていない．このことから，おそらくニワトリの故郷は南アジア一帯にあると考えられ，この地域を中心に広がっていったものと推察される．

ニワトリの伝播

南アジアにおいて，ニワトリはわれわれの経済的意義というよりも，宗教的あるいは娯楽的な志向により，家畜化の道を与えられた．そこにニワトリたちの選択の余地がなかったと考えるのは早計である．かれらにとって家畜化の道を進みはじめることは，人間社会の一員となることであり，ヒトの保護を十分に受けられることを意味している．家畜化の出発点において，ニワトリたちはこれらのことを冷静に秤にかけ計算したうえで選択し，自分の意思でその道を歩きはじめたように思えてしまう．

ニワトリは，南アジアの地域からどのように世界中へと広まったのであろうか．これについては，図 1-10 に示すように 3 方向への進出が考えられている（西田 1967; 野澤・西田 1970）．

第一のルートは西へと向かった．インドからペルシャ，エジプト，そしてエジプトから 2 つに分かれた．すなわち，ギリシャおよびローマを経てヨーロッパ，さらには新大陸という経路と，エジプトからアフリカ大陸へと拡散していく経路である．これらのなかで，もっとも早い伝播地域はペルシャではなく，不思議なことにエジプトである（加茂 1973）．古代エジプト，第 18 王朝のトトメス三世の時代（紀元前 1501-1447 年）に，毎日卵を産むニワトリが記録されている．また，同王朝のツタンカーメン王（紀元前 1358-1350 年）の墓が 1922 年にカーターによって発掘された際，陶器に描かれたニワトリがみつかっている．この時期，西アジアにはまだ

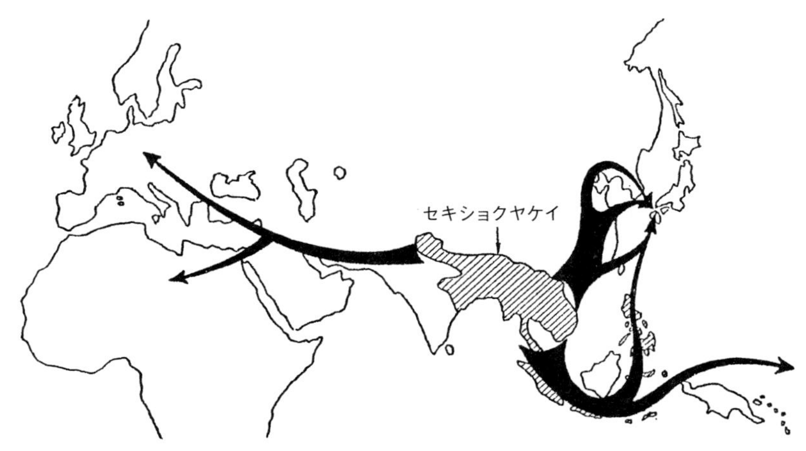

図 1-10 ニワトリ飼養文化の伝播とわが国への渡来経路（西田 1967）

ニワトリは広まっておらず，エジプトへは陸路ではなく，海路によって運ばれたと考えられている．しかし，エジプトにおけるニワトリに関係するその後の資料はみつかっていない．ふたたびエジプトにニワトリが出現するのは紀元前 1000 年ごろで，陸路に沿ってシリアから伝えられている．ヨーロッパ大陸に本格的にニワトリが移動してくるのは紀元前 1 世紀ごろで，ローマの植民にともなってのことである．その後，新大陸への進出ははるかに遅れ，コロンブスによる第 2 回遠征（1493 年）まで待つことになる．

一方，アフリカ大陸への 1 つのゲートであるエジプトからのひろがりは北アフリカに限られ，ナイル川を溯ることはなかったとされている．中央アフリカから南の地域へは，この第一のルートを介さず，海路を通じてインド，アラビア諸国からアフリカ東海岸へ，あるいはポルトガルより西海岸へとたどり着いたものが広まったという見解がもたれている．

第二のルートは南へと伸びている．マレー半島からインドネシアなどの東南アジアの島々を経て，ミクロネシア，メラネシアへともたらされたと考えられているものである．しかし，この経路について家畜文化史的な資料はほとんどない．上記の島々の先にはオーストラリア大陸があり，この土地の先住民たちはニワトリをもっていなかった．オーストラリアへは，

18 世紀ごろにヨーロッパ人によって運ばれたのが最初とされている．

第三のルートは北へと進んだ．インドシナ半島から雲南，四川，広西省から中国大陸全域，朝鮮半島，そして日本というルートである．中国はエジプトと同様，南アジアについで古いニワトリの歴史をもっている．殷の時代（紀元前 1300–1050 年）の甲骨文字にニワトリを表す記号がみつかっており，このころにはすでにニワトリが飼われていたことになる．すると中国大陸へのニワトリの進出は，さらに前の時期と考えられる．しかし，中国南西部の雲南省は，ヤケイが生息している地域である．ここで，ヤケイがそのまま家畜化されたという考え方も可能であるように思える．

日本への 2 つの道

日本への渡来経路を示す考古学的資料は，今のところ見当たらない．ニワトリの登場するもっとも古い記述は，『日本書紀』および『古事記』の

図 1-11 わが国におけるニワトリ埴輪および遺骨出土地（芝田 1969 より改変）
埴輪は府県を斜線で，遺骨は●○で示す．

なかの神話にある．また，4世紀終わりごろの古墳周縁から，埴輪鶏が出土している（図1-11）．この時期より少し前の時代からニワトリが飼われていたことはまちがいない．しかし，ニワトリが明確にどこからもたらされたかを示す証拠は存在しない．

古代日本文化の成り立ちを思い浮かべ，前述の南アジアからのニワトリ伝播ルートをながめると，第三のルート，インドシナ半島から中国大陸，朝鮮半島そして日本という経路が受け入れやすく，また事実，かなりの支持を得ている．一方，第二のルート，すなわち南への伸展を途中から分岐させれば，海上を島伝いに北上する経路も考えられる．

日本およびその周辺地域に飼われている在来のニワトリの羽色と羽装，冠および脚色などの遺伝形質を調査し，ニワトリのもつ遺伝子の渡来経路

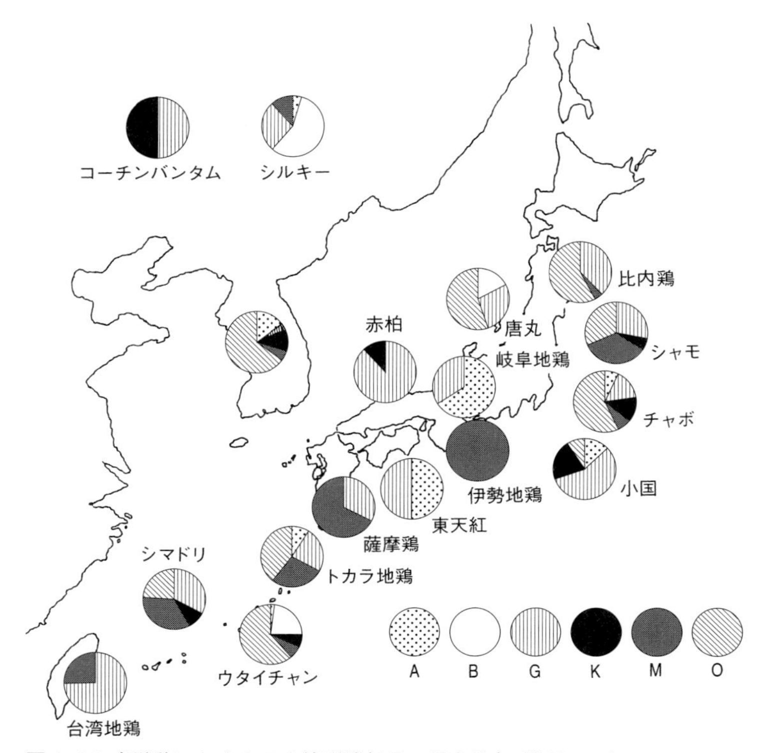

図1-12 東洋鶏における B 血液型遺伝子の頻度分布（藤尾 1972）

を推定した（野澤・西田 1970）．その結果，外部形質を支配しているほとんどの遺伝子は朝鮮半島を経由しており，第三のルートを支持するものであったが，黒色および銀色の羽色を発現する E および S 遺伝子は第二のルートに結びつくものであった．また，ニワトリの B 血液型遺伝子について同様の視点から考察したところ，朝鮮半島由来および台湾，南西諸島由来の遺伝子に分けられることが示され（図 1-12; 藤尾 1972），わが国のニワトリは，両ルートからもちこまれた遺伝子が混じりあってつくられたものであると考えられている．

期待の渦へ

ニワトリほど多くの役を演じさせられた動物もいないであろう．前述したように紀元前 1600 年ごろ，アーリア人がインダス渓谷に入り最初にみたニワトリは，闘鶏および時を告げる鳥として用いられていた．ニワトリの伝播とともにこれらの文化も伝えられ，さらにそれぞれの地域で人々のさまざまな思いによって，儀式の象徴としてニワトリが多用されることになった．ニワトリのこのマルチタレント的な起用のされ方には，その習性に 1 つの理由が隠されている．ニワトリを集団で飼育しはじめると，まず集団内での優劣を決めるためのけんかが起こり，順位が決まる．これを「社会的順位」あるいは「つつき順位（peck order）」という．集団内における順位は，一定の秩序を保つためには必須のものであり，群れの構成が変化しないかぎり維持される．集団を率いるニワトリは，採食，巣や休息場所の利用および交尾にいたるまで優先権をもつことになる．大きな鳴き声で時を告げ，群れを自分の意のままに動かすことは，最高の順位に君臨する雄だけに許された特権である．さて，ヒトはこのニワトリの習性を詳細に観察することにより，かれらの行動を自分たちの社会になぞらえ，ニワトリに演じさせる配役のオーディションを何度も繰り返したにちがいない．ニワトリが人間社会において多くの重要な地位を築いていくこととなった要因のなかでは，かれらのもっていた資質もさることながら，当時の人々のささいなことも見逃がさない鋭い観察力に負うところが多い．

わが国においても古事記に長鳴鳥としてはじめて登場したニワトリは，夜明けの時を告げたり，光や太陽の崇拝の対象として扱われている．また，

「鶏合わせ」とよばれた闘鶏は，勝敗を決めることによって神意を探り吉兆を占う神事であり，ときには士気を鼓舞するためのものであった．闘鶏が本格的にさかんになるのは平安時代以降といわれ，宮中はもとより一般庶民のあいだにも浸透していった．

ニワトリを飼うためには，その餌としてなんらかの穀物が必要である．この意味から，ニワトリは定住農耕民族の家畜であり，遊牧放浪の民族に随伴する家畜ではないといえる．わが国において，3，4 世紀ごろに伝来した青銅文化は，同時に農耕文化も強力に推し進めていった．それにともないニワトリは，神聖な動物としての役割から徐々に解放され，農家の家畜としての顔をみせはじめるのである．ニワトリがいつごろから食されていたかを知る手がかりは，皮肉にもニワトリを食べることを禁止した史実をみつけることにより得られる．奈良時代，天武天皇の仏教による殺生禁断の説（674 年）に「四月から九月三十日まで牛，馬，犬，猿，鶏の宍（しし）を食うこと莫れ」とある．これは，明らかに人々がニワトリを食べていた証拠であり，ニワトリが神格化された偶像，すなわち手を触れることのできない存在からしだいに身近な食の対象として変わってきたことを物語っている．以後，このような詔はたびたび出されているようである．しかしながら，ニワトリが太陽崇拝の象徴としての意義を失ったとはいえ，かれらのおもな役割は依然として時を知らせたり，闘鶏ということにあり，ニワトリから得られる肉および卵といった生産物は，人々にとってあくまで副産物であった．ニワトリの生産物が改めて注目されるようになるのは，明治時代になってからである．

1.4 学名のなかの繁栄

種と品種

同じ生物学的特徴をもった生物の集団をくくる場合，種（species）あるいは品種（breed, race）という表現がある．

種とは，界（kingdom）からはじまる分類学上の階層のなかで，もっとも下位に位置する学名で（正確には種の下に亜種がある），生物分類の基本単位である．動物の場合，学名は「国際動物命名規約」にもとづき決められており，学名を用いることは世界共通の認識が得られることを意味している．一方，品種名には生物を限定する際の実用的な意味合いがこめられており，その概念にはもともと農業的なものが存在している．また，品種名を用いてある動物を万人にイメージさせようとすることは困難であり，品種名は限られた人々あるいは地域でしか通用しない言葉である．

ニワトリの単源説を支持する *Gallus gallus domesticus* は，三名法を用いた亜種名（subspecies name）であり，種小名である *gallus* のあとに *domesticus* という亜種小名（subspecific name）が続いている．生物に関する情報が蓄積されるにしたがい，学名の変更が余儀なくされることはしばしば起こり，亜種小名が種小名に変わる場合も生じる．

産卵能力に優れたニワトリといえば，白色レグホン（White Leghorn）がよく知られている．白色レグホンとは品種名である．もともとイタリアにおいて飼われていたニワトリで，現地ではイタリアーナ（Itariana）とよばれ，その歴史は古いとされている．このニワトリが現在のように産卵鶏としての地位を獲得したのは，イギリスおよびアメリカに輸出され改良されたのがはじまりであり，イタリアのレグホーン港から輸出されていたことにちなんで名前がつけられたのである．

愛玩用として親しまれているチャボは，江戸時代初期にわが国に入り，日本人の手によって改良された，からだが小さく脚の短いニワトリの品種名である（図 1-13）．江戸時代中期，この美しいニワトリに魅了されたオランダ人が，はじめて海外へもち出したときは，当時唯一の貿易港のある長崎からだったので，「ナガサキ（Nagasaki）」とよばれていた．その後，このナガサキは日本からきた小さなニワトリとして「ジャパニーズ・バンタム（Japanese Bantam）」という品種名が与えられ，外国の愛鶏家のあいだでも人気が高い小型鶏の名品となった．

ところで，チャボという名の由来をたどってみると，インドシナ半島南東部にチャムヒトが建てた王国チャンパ（Champa，占城，占婆; 2 世紀末－7 世紀）に帰着するとされる．また，英名であるバンタム（Bantam）はインドネシアのジャワ島西部にある地名に由来しているといわれている．小型の愛らしいこのニワトリたちにつけられた東西 2 つの品種名は，奇し

図 1-13　チャボ（木下圭司氏撮影）

くも同じ東南アジアとの絆をもち続けていたのである.

品種のひろがり

品種は分類学上の区別ではなく,同一種から出発しヒトとなんらかのかかわりをもった動物たちに与えられた名前である.現在,ニワトリたちは *Gallus gallus domesticus* という種を200以上の品種で構成していることが知られている.家禽のなかで,ニワトリほど品種分化が進んでいるものは見当たらず,家畜のなかではイヌと双璧をなしている.

家畜における品種の成立は,ある家畜集団から抽出された動物たちが,長い時間をかけ異境の地でその環境に順応することからはじまり,しだいに新たな目的のために利用され育種されながら,もとの集団とは異なった形態や能力を備えた集団を形成するようになることと考えられている.さらに,その集団のもつ特徴は,遺伝的に固定され,確実に次世代へと遺伝することが要求される.当然のことながら,このプログラムの成否は人間に委ねられ,とりくむ人々のさまざまな事情や思惑が多くの品種を作出する原動力となる.

ニワトリの品種の分類基準は,大きく3つの観点から成り立っている.第一はアジア種,地中海沿岸種,ヨーロッパ種およびアメリカ種などの原産地別であり,第二は卵用種,肉用種,兼用種および愛玩用種などの用途別であり,第三は在来種および改良種といった改良の程度などである.それぞれの品種を3つの基準にあてはめていくと,ニワトリのおおよその姿がみえてくる.たとえば,アメリカ種として知られている横斑プリマスロック(Barred Plymouth Rock)は,厳密にはヨーロッパ種の流れをくむドミニーク(Dominique)と中国原産のコーチン(Cochin),インド原産のブラーマ(Brahma)などのアジア種を交配してつくられた卵肉兼用種で,日本に輸入されてからは産卵性に重点がおかれ,本国のものを上まわる産卵能力をもつ優れた改良種となった.また,同じくアメリカ種である白色コーニッシュ(White Cornish)は,アジア系の闘鶏品種(Cornish Game, Indian Game)とイギリス産の闘鶏(Old English Game)との雑種からつくられた肉用種であり,近年ブロイラー作出用の雄系として用いられ,羽色も優性白遺伝子を導入された重要な改良種である.多くの品種を分類・整理することは，それぞれの成立過程を明らかにするとともに，成立あるいは育種過程を通して，どのような特徴をもつ遺伝的特性が付与されたかを知ることができる．

さらに，同一品種のなかから新たに異なる遺伝的特徴をもった集団がつくられたとき，系統（strain, line）という言葉が用いられる．ニワトリにおいては，系統の同義語として内種があてられる場合もある．鹿児島県において江戸時代中期ごろから飼われはじめた日本鶏の一品種である薩摩鶏（さつまどり）には，羽色のちがいにより赤笹（あかざさ），白笹（しろざさ），太白（たいはく）および総黒（そうこく）の４種の系統が存在している．同じ系統にふくまれる個体どうしは，ある同一の遺伝形質をもっていることによって，ほかと区別される．これは一般に，近親交配によって達成された遺伝子のホモ化現象の結果であり，系統は品種よりも相互の遺伝的血縁関係の近い集団であるといえる．

このように１つの種から歩きはじめたニワトリたちは，ヒトによって品種，系統などというよび名を与えられるたびにその数を増しながら，独自の世界をつくり，そして，今なおその世界を広げ続けているのである．

第2章 飛翔のあかしと子孫のための戦略
ニワトリの形態と繁殖

鳥類は，爬虫類と哺乳類の中間に位置しており，その特徴には両者との類似点が数多くみられると同時に，飛ぶという鳥の体制を維持することで，より自分たちを特徴づけているのである．別の見方をすると，鳥類は飛ぶことにより，独自の世界を求め築きながら生きてきたわけで，いかに優れた飛翔能力を獲得するかは生死にかかわる問題であった．ニワトリは，鳥類の一員であることに疑う余地はないが，自由に空を飛ぶという鳥のイメージからは程遠い．しかし，飛ぶという鳥類本来の体制を受け継いでいることは明らかで，からだをできるだけ軽くするような構造と機能を多くもっている．ニワトリの原種と考えられているヤケイたちはかなりの飛翔能力をもっており，この事実から，ニワトリが飛べる鳥たちのなかから飛ぶことが苦手な鳥として進化してきたことにまちがいはない．なぜニワトリたちが飛翔能力を完全にとはいわないまでも捨てるにいたったかについては，かれらが自分のおかれてきた環境を認識したとき，飛ぶことより飛べないことのなかに未来への確かな希望を見出した結果かもしれない．

この章では，ニワトリの形態と機能を飛翔能力という観点から探りながら，鳥類としてのニワトリの誇りを検証してみたい．

2.1 鳥らしさの追求

ニワトリのからだ

ニワトリのからだは，大きく分けると6つの部分，頭部，頸部，胴部，尾部，翼部および脚部から構成されている（図2-1，図2-2，図2-3，図2-4）．皮膚についてみると，哺乳類と同じく表皮と真皮の2層からできている（図2-5）．ニワトリにおける外貌の最大の特徴は，表皮に由来する

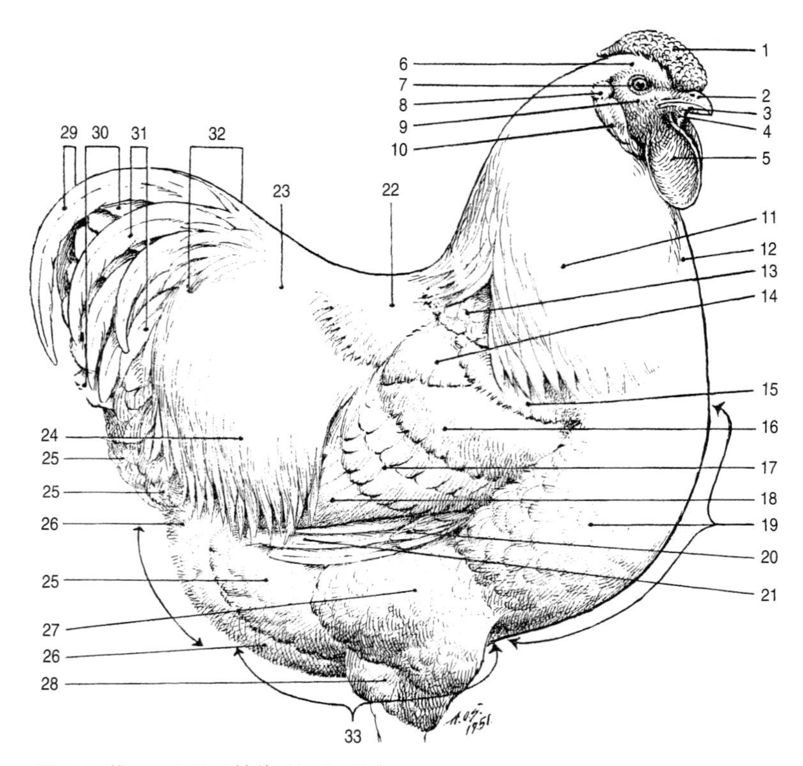

図 2-1　雄ニワトリの外貌（APA 1962）
1：冠，2, 3：嘴，4：のど，5：肉髯，6：頭，7：眼，8：耳，9：顔，10：耳朶，11：頸羽，12：頸前羽，13：岬羽，14：肩，15：翼前，16：翼肩，17：覆翼羽，18：副翼羽，19：胸，20：覆主翼羽，21：主翼羽，22：背，23, 24：鞍部，25：体羽，26：軟羽，27：腿羽，28：膝節羽，29：謡羽，30：主尾羽，31：小謡羽，32：覆尾羽，33：腹．

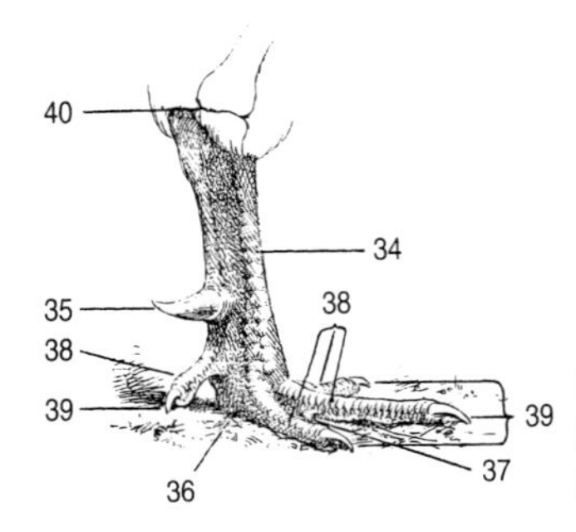

図 2-3　雄ニワトリの外貌（APA 1962）
34：脛，35：距，36：足，37：蹼，38：趾，39：爪，40：膝節．

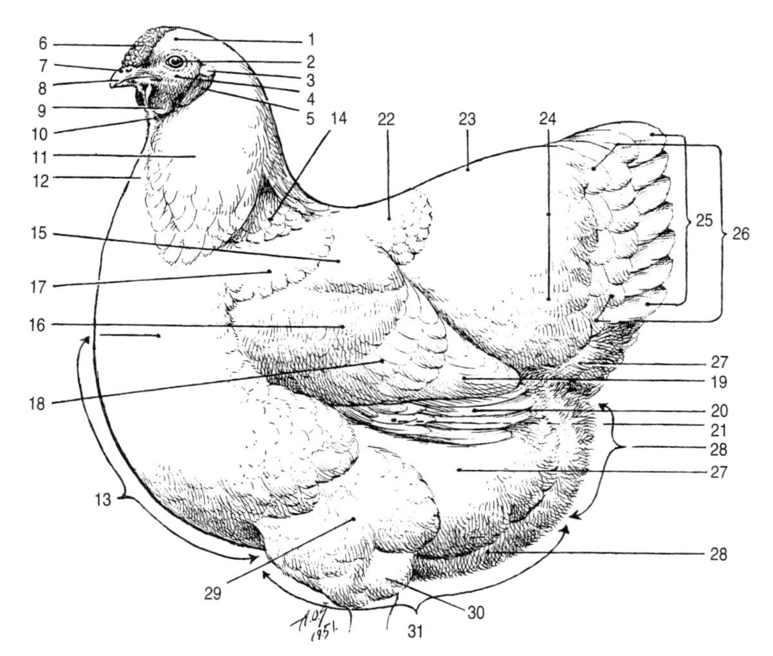

図 2-2 雌ニワトリの外貌（APA 1962）
1：頭，2：眼，3：耳，4：顔，5：耳朶，6：冠，7：鼻孔，8：嘴，9：肉髯，10：のど，11：頸羽，12：頸前羽，13：胸，14：岬羽，15：肩，16：翼肩，17：翼前，18：覆翼羽，19：副翼羽，20：主翼羽，21：覆主翼羽，22, 23：背，24：クッション，25：主尾羽，26：覆尾羽，27：体羽，28：軟羽，29：腿羽，30：膝節羽，31：腹．

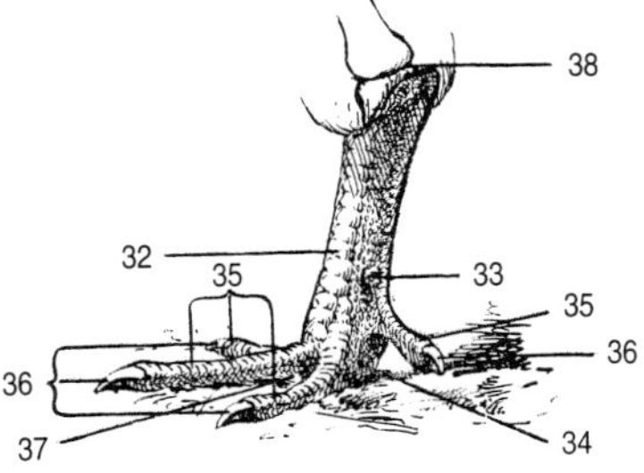

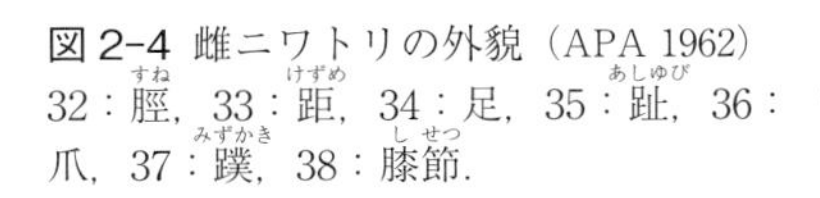
図 2-4 雌ニワトリの外貌（APA 1962）
32：脛，33：距，34：足，35：趾，36：爪，37：蹼，38：膝節．

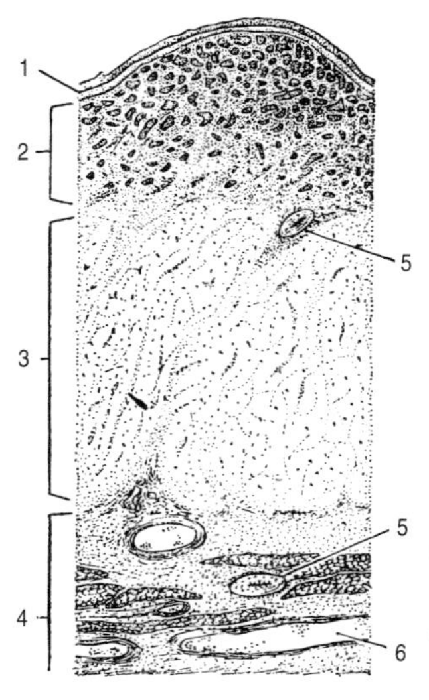

図 2-5 肉冠の組織（加藤 1957）
1：表皮層，2：真皮の第 1 層，3：真皮の第 2 層，4：真皮の第 3 層，5：ヘルブスト小体（鳥類に特有の神経終末器），6：血管.

いくつかの構造である．すなわち，冠，肉髯，耳朶，嘴，距，鈎爪，脚鱗，羽などの特殊な構造であり，これらの構造体が各部位で発現されることにより，ニワトリとしての外貌が特徴づけられているのである．

からだを覆う

「温かいが，乾燥している」．羽の下に隠されているニワトリの皮膚に直接触れてみると，このような印象を受ける．

（1）トリ肌を保つ

ニワトリの体温は 41℃ と比較的高く，また，皮膚は薄い表皮と真皮からなり，そこには汗腺および脂腺が存在しない．汗腺がないことは，蒸散作用により体温を失うことはないが，夏季の高温時に体温上昇を防ぐためには甚だ不利である．そのような際，ニワトリがとることのできる対処法は，大きく嘴を開けて体温を放散させること，いわゆるパンティングである．

ニワトリにおいては皮膚腺の発達は著しく悪い．これは鳥類一般に共通していることである．しかしながら，唯一，尾端骨の背部および外耳孔の

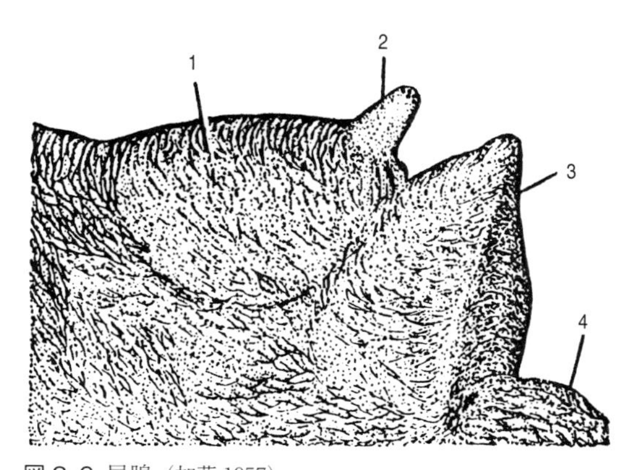

図 2-6 尾腺（加藤 1957）
1：尾腺，2：尾腺の乳頭，3：尾坐，4：排泄腔背壁尾腺.

皮膚にそれぞれ尾腺，耳道腺が存在している．尾腺は，尾端骨の背位にあたる皮膚が盛り上がった部分で，羽のあいだから乳頭状のものとして観察される脂腺である（図 2-6）．ニワトリが嘴でここを圧迫すると，黄色のゼリー状の分泌物が押し出される．さらに，ニワトリは嘴にこれを塗りつけ，全身の羽に塗りこむことにより，羽に防水性をもたせ，からだを保護している．耳道腺は脂腺が変化したものであり，外耳孔の皮膚にみられ，ほかの鳥類には観察されない *Gallus* 属の特徴である．

（2）顔をこしらえる

ニワトリの頭部において，羽に覆われていない皮膚としては，冠（comb），肉髯（wattle）および耳朶（earlobe）が認められる（図 2-1，図 2-2）．冠および肉髯は，頭部の皮膚が発達した装飾器官で，その色が赤いのは表皮に近い第 1 層が著しく毛細血管に富むためである（図 2-5）．冠は俗に鶏冠（とさか）とよばれ，頭の上部に 1 個存在し，よく観察されるものには単冠（single comb），バラ冠（rose comb），マメ冠（pea comb）およびクルミ冠（walnut comb）の 4 つのタイプがあり，いずれも雄ニワトリで顕著に発達している（図 2-7）．肉髯は下顎に 1 対，また，耳朶は外耳孔の下方に左右 1 つずつある．

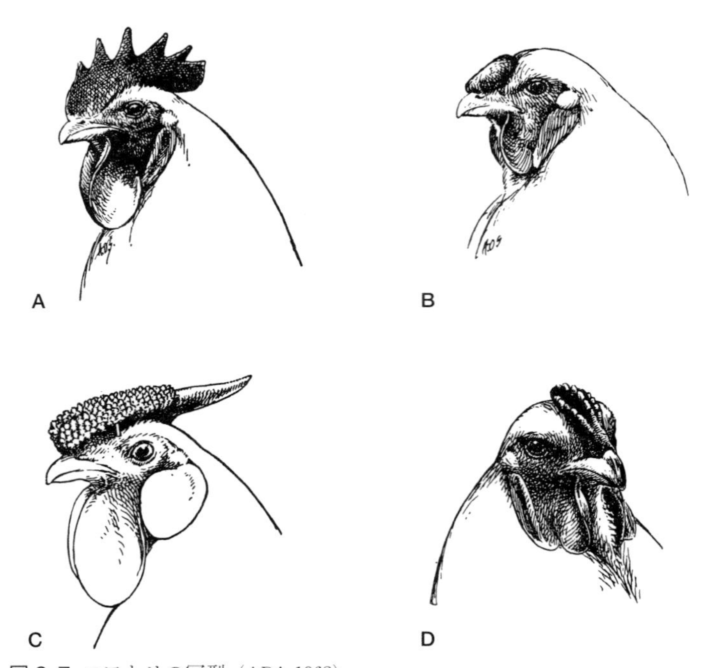

図 2-7 ニワトリの冠型（APA 1962）
A：単冠，B：クルミ冠，C：バラ冠，D：マメ冠．

（3）いろいろな皮膚

さて，皮膚の表皮層から発達したものとして角質とよばれる器官がある．角質器には嘴，距，鈎爪，脚鱗，羽が含まれる．それでは嘴から順にみていくとしよう．

嘴は，上嘴および下嘴の2つの部分から構成されており，ともに嘴根の後方で皮膚へと移行している．上嘴が皮膚と接するところには，外鼻孔が左右1対みられる．上嘴および下嘴は，皮下組織を介することなくそれぞれ切歯骨，下顎骨と直接結合している．

距は，雄ニワトリの中足骨にある距突起を厚く角質化した皮膚が覆うことによってできており，発達するにつれて先が後ろに向かって弧を描くように伸びていく（図 2-3）．雌ニワトリにおいて，距は痕跡程度のものが認められる（図 2-4）．

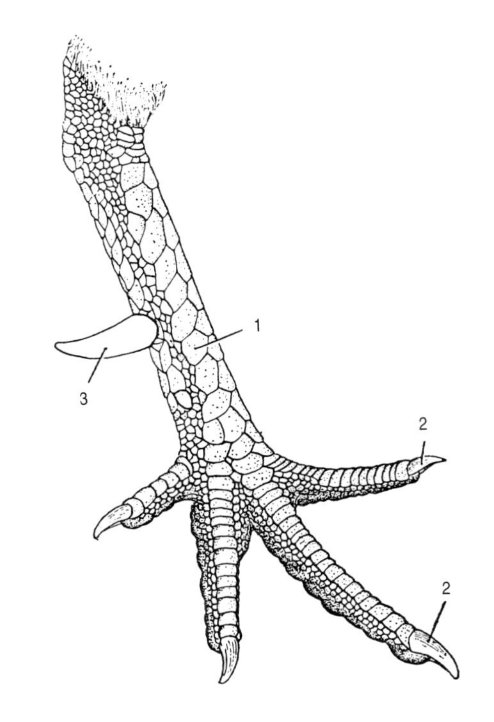

図2-8 脚鱗（きゃくりん），趾（あしゆび），距（けずめ）（加藤 1957）
1：脚鱗，2：鈎爪（かぎづめ），3：距（けずめ）.

鈎爪は，後肢（脚）の第一趾から第四趾（足指）の先端にあり，趾骨を完全に包んでいる（図2-8）．なお，前肢（翼）の第二指の指骨先端にも退化した鈎爪が残っている．

脚鱗は，明らかに鳥が爬虫類から受け継いだ鱗の痕跡を物語っている．脚鱗は，足関節付近より四角から六角形の角質板が敷石状に重なり合ってはじまり，さらに中足骨においては大型のものが2-3列に配列され，趾では幅の広い長い1列となって鈎爪の根元まで達する（図2-8）．コーチン種などにおいては，脚鱗のあいだから脚羽が生じている（図2-9）．しかし，角質板は趾の裏側までは及んでおらず，そこにはよく発達した趾球がみられ，クッションの役目をしている．

（4）鳥としての装束

鳥類が爬虫類から決別し，独自の道を歩きはじめるようになった最大の

図 2-9 コーチン種の脚羽（APA 1962）

きっかけは，この羽にある．羽は鳥類だけにみられる表皮構造であり，爬虫類の角鱗に由来している．そのおもな機能は体温保持と飛ぶためである．

羽は，正羽，綿羽および毛羽の 3 種類に分けられる（図 2-10）．正羽は飛行および装飾用の大型の羽で，からだの大部分を覆っており，中央に走る羽軸によって左右に分けられ，さらに羽軸に続く羽軸根によって皮膚のなかへと入っている．羽軸の両側にはいくつもの羽弁が規則正しく並び，羽軸根に近い部分で後羽へとおきかわっている．羽弁を詳細に観察してみると，羽軸から斜め上方に伸びた羽枝および羽枝から上下に枝分かれした小羽枝からできている．上に向かう小羽枝には鈎がついており，これが下に向かう小羽枝にある溝とぴったりと組み合わさり，全体として滑らかな膜状を呈している．結果的に，これらの構造により風の力を自分の味方につけることが可能になる．綿羽は羽軸をもたず，羽軸根の先端から直接やわらかい羽枝が多数伸びた構造をしており，正羽のまわりに生えることにより保温性を高める役目をしている．われわれが革のジャケットの下にセーターを着ているようなものである．毛羽は細い毛状の羽軸をもち，先端に房状の羽枝がある．指で触れてみると，毛のような感じを受ける微細な羽で，頭部および頸部に多い．

ニワトリのからだで正羽の生える部分を正羽域，正羽の生じない部分を無羽域とよんでいる．嘴および脚部などを除くすべての体表面に羽が無秩

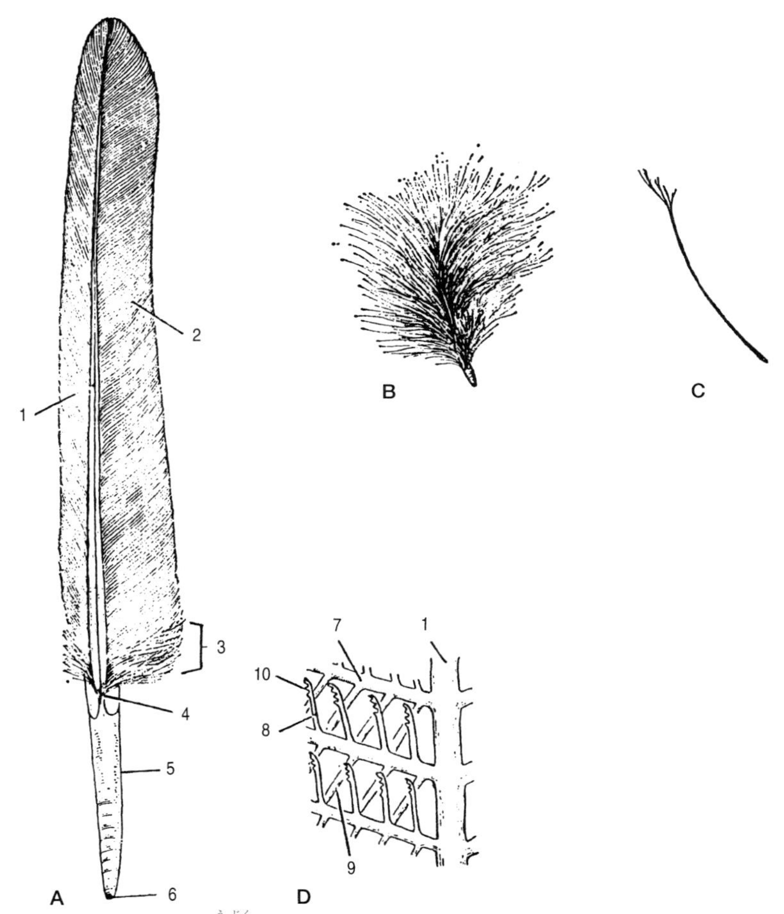

図 2-10 羽の種類と羽軸（加藤 1957）
A：正羽，B：綿羽，C：毛羽，D：羽軸の拡大．
1：羽軸，2：羽弁，3：後羽，4：上臍，5：羽軸根，6：下臍，7：羽枝，8：有鈎小羽枝，9：弓状小羽枝，10：小鈎．

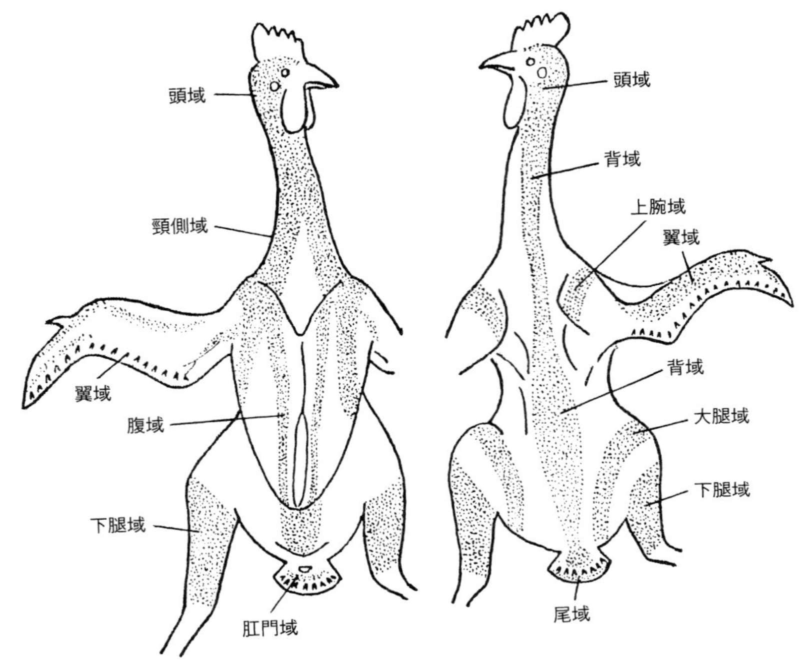

図 2-11 羽域（岡本 1966）

序に存在しているようにとらえがちであるが，正羽域と無羽域がニワトリのからだを規則的にぬり分けているのである（図 2-11; 岡本 1966）．正羽域は，背域，大腿域，腹域，頭域，頸側域，翼域，下腿域，尾域などに細分される．

羽毛は古くなると脱落し，新しい羽毛が発育してくる．これを換羽とよぶ．正確には，毛根の乳頭状突起が成長することにより，その上にある古い羽毛を押し出し脱落を促すのである．乳頭状突起は新生羽として発達し，一定の長さになると毛根下部に境界がつくられ血液が通わなくなり，新旧の羽の更新が終了する．換羽は頭部および頸部からスタートし，胸部，体軀，尾部および翼の順に進行する．翼以外の部位では急激に換羽が起きるが，翼羽は内側から順に脱落していく．換羽は一般に年 1 回，夏から秋にかけて定期的に起こり，雌の場合，換羽にともない産卵を休止してしまう．

「どんな色のニワトリですか」という問いかけに対して，われわれはその羽の色をもって答える．ニワトリの羽の色は，化学色と物理色から成り立っている．化学色とは，アミノ酸の一種チロシンがチロシナーゼによって酸化された結果，メラニンとなって発色されるものである．一方，物理色とは，もともと色素をふくまないか，また，ふくんでいてもその羽の構造や組み立てで光を反射，分光，屈折，吸収するなどして複雑に表現される構造色である．たとえば，白色レグホンの白い羽や黒い羽をもつ個体において，光を受けた際に表面が緑や紫色に輝いてみえる場合である．

からだを組む

動物において，自分のからだを形成し，外的衝撃から守り，そして運動することにかかわっている器官というと，まず骨格があげられる．動物の外貌からその骨格の細部にいたるまでを把握することは，完成した新居から棟上げの状態を想像するようなもので，無謀な試みである．しかし，そこには共通の原理が隠されているように思える．すなわち，居住性のすばらしさが柱と梁の微妙な組み合わせによって引き出されていることと同様に，動物の洗練された姿やいっさいのむだを排除した動きのほとんどが骨格に起因している．骨格を構成している各々の骨は，形状により大腿骨のように長く大きな長骨，椎骨に代表される短く小さな短骨，および頭蓋骨などのように広くて薄い扁平骨に区分できる．ニワトリの骨格においても，このような大小さまざまな骨が集まり組み上げられる過程で，驚くべき工夫が随所に施されている．

ニワトリの骨格は，部位により頭蓋骨，胴骨および肢骨の３つのグループに大別できる（図 2-12）．

（1）機動性に富むコックピット

頭蓋骨はニワトリの顔を形成している骨であり，脳頭蓋と顔面骨に分けられる（図 2-13）．各骨は，孵化前にすでに癒合してしまうので，成体ではその境界が不明瞭となっている．哺乳類のものと比較すると，鳥類の頭蓋骨は骨格に対して比較的大きいが，骨質は薄く，脳を蓄える頭蓋腔を囲む骨は，気室が発達し壁が厚くなり，頭蓋腔は狭くなっている．結果的に頭蓋骨は非常に軽くなり，頸の負担を少なくすると同時に，ニワトリのせ

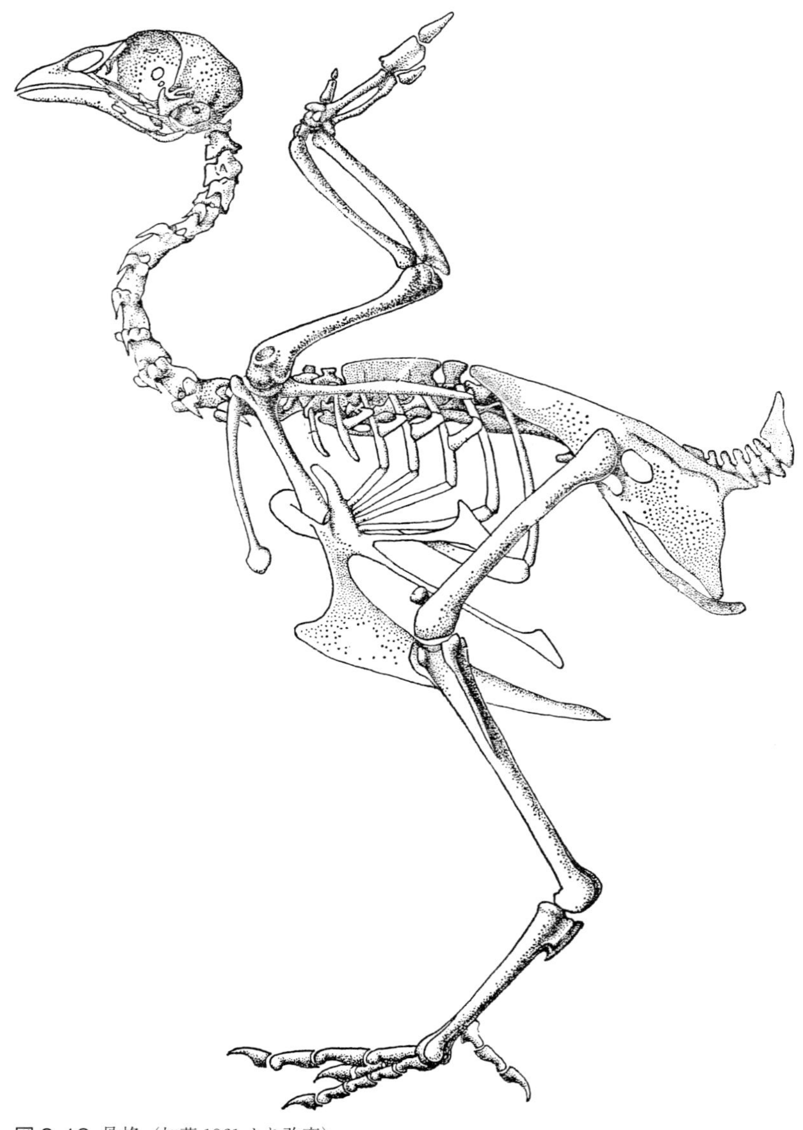

図 2-12 骨格（加藤 1961 より改変）

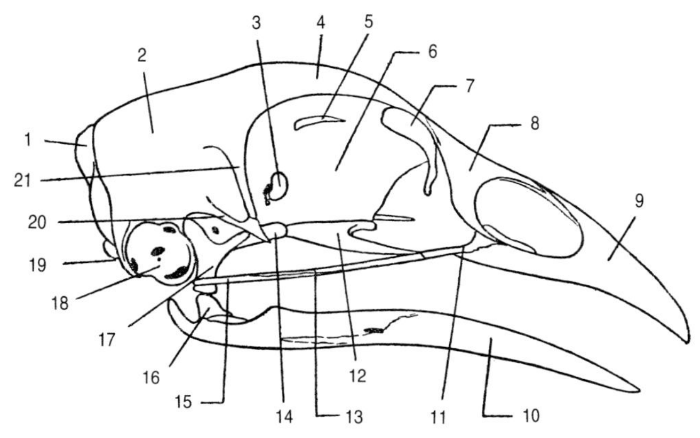

図 2-13 頭蓋（Bradely and Grahame 1960）
1：後頭骨，2：頭頂骨，3：垂直板の交通孔，4：前頭骨，5：篩板の孔，6：眼窩，7：涙骨，8：鼻骨，9：切歯骨，10：歯骨，11：上顎骨，12：口蓋骨，13：頬骨，14：翼状骨，15：方形頬骨，16：関節骨，17：方形骨，18：鼓室，19：後頭顆，20：頬骨側頭部，21：頬骨前頭部．

わしげな顔の移動を可能にしている．

顔面骨に占める眼窩の割合は著しく大きく，ニワトリの大きな目が自由に動くスペースを確保している．上下に開く嘴の上部を構成する上顎骨および切歯骨，下部をつくる歯骨にはともに歯は存在せず，それぞれ角質である上嘴および下嘴によって覆われている．下顎骨は，哺乳類家畜のように直接側頭骨と関節しているのではなく，方形骨を介して結ばれている．ニワトリが大きく嘴を開くことができるのは，このしくみのおかげであり，鳥類および爬虫類に共通する特長である．

（2）動と静のからくり

胴骨は脊柱，肋骨および胸骨からなり，動と静という相反する動きをたくみに使い分けながら，からだからの力の出入りをコントロールしている．

脊椎は，頸椎，胸椎，複合仙骨および尾椎の順に結合している．これらのうち頸椎はきわめて可動的であり，また，尾椎が活発に運動するのに対し，胸椎および複合仙骨はほとんど不動の状態である（図 2-14）．

鳥類の頸椎は，哺乳類のように一定数（7 個）を示さず，頸の長さによ

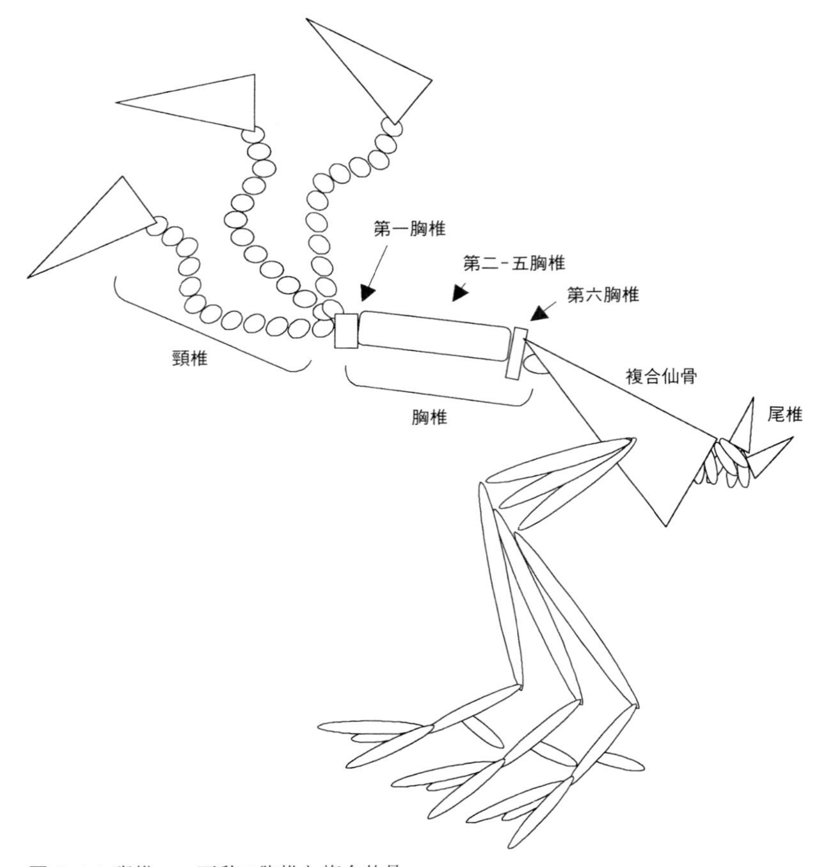

図 2-14 脊椎——不動の胸椎と複合仙骨

りその数も変化している．ニワトリの頸部は長く，14 個の頸椎よりできている．前述したように，比較的大きな頭蓋骨を支えるために，頸部は S 字状に湾曲している．このことは頭部がきわめて自由に動き，飼料をついばむことを容易にするとともに，歩行時の反動が直接脳に波及することを軽減している．この頸椎の広範囲に及ぶ運動性の秘密は，椎体間の結合に隠されている．ニワトリの頸椎も隣接椎体間には椎間円板が認められるが，両者は哺乳類のように軟骨結合をとらず靱帯により結ばれ，さらに椎窩を利用して独特の鞍（くら）関節（saddle joint）をつくることで，柔軟な動きに対応できるのである.

胸椎は7個認められ，第一および第六胸椎は分離しているが，第二から五胸椎はたがいにしっかりと癒合し，運動性はもたない．最後列に位置する第七胸椎は，12個の腰椎および2個の仙椎とそれぞれ強固に癒合し複合仙骨となり，堅牢かつ不動の背部を形成している．5個の胸椎の連結は1本の縦に伸びる軸となり，激しい運動を繰り返す両翼をしっかりと受け止め，横一列に三者でスクラムを組んでいるようにみえる.

一方，複合仙骨は後続の寛骨によって挟まれるように固定され，ゆるみなき強固な腰部骨格を組み上げている．腰部骨格のこのような特性は，後肢のみによってからだを支えることを実現し，また，着地による衝撃をも十分防いでいる.

尾椎は7個あり，後半の数個が癒合して尾端骨をつくり，尾腺を支えるとともに尾羽をのせている.

肋骨は各胸椎にそれぞれ1対結合し，計7対存在する．肋骨のうち前方の2対は短く胸骨まで達しないが，残りの5対は胸骨と結合している．また，これらの骨がつくりだす空間は，胸椎側の脊椎部と胸骨側の胸骨部に分けられる．脊椎部を構成する脊椎肋から後方に突出する鈎状突起は，鳥類および爬虫類にみられる特有の突起で，胸郭を強固にするほか，肩甲骨を支持する筋の付着点になっている.

胸骨はまとまって骨化した大きな舟底形の扁平な骨である（図2-15).胸骨は前肢を激しく運動させる動物においてよく発達するとされている.ニワトリの胸骨も翼の活発な運動に呼応して大きくつくられており，とくに胸骨稜（竜骨突起）が腹部に向かって広く張り出している．胸骨稜は，前肢の活発な動きを操る大きな筋肉に対して十分な付着面を提供しているのである.

肢骨は前肢骨および後肢骨からなっている．哺乳類において，すべての肢骨がからだの支持および歩行にかかわっているのに対し，鳥類では前肢骨が翼となり，肢骨本来の役割を放棄したために，後肢骨がそれらの役割を一手に引き受けることになる.

前肢骨は，翼の土台となる前肢帯と翼本体の自由前肢骨に区分できる.ニワトリの前肢帯は複雑で，肩甲骨および家畜にはみられない鎖骨，烏口(うこう)

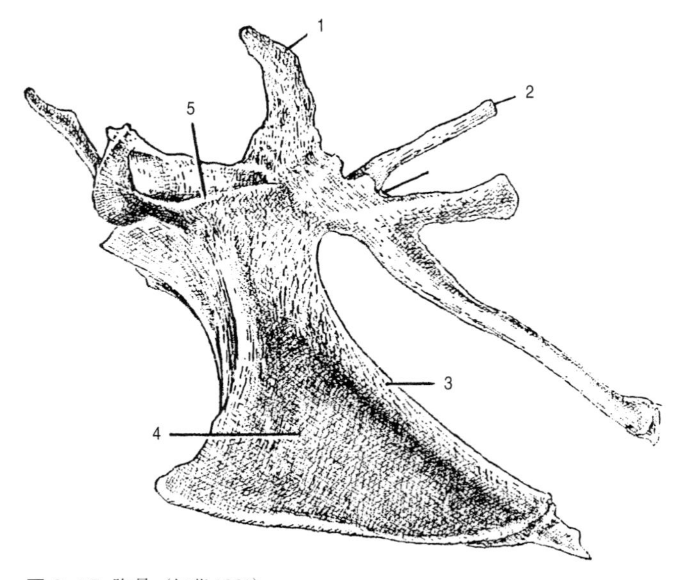

図 2-15 胸骨（加藤 1961）
1：肋骨突起，2：第五肋骨胸骨部，3：後胸骨，4：胸骨稜，5：烏口骨に対する関節溝．

骨から構成されている．肩甲骨は棒状の狭い扁平骨である．鎖骨は両側鎖骨が腹端で癒合したV字状の癒合鎖骨となっており，翼の支柱の役目をしている．V字型の開きは，飛翔力と関係しており，ニワトリのように飛行能力の低い鳥においては角度が狭くなっている．烏口骨は前肢帯のなかでも大きな棒状の骨で，よく飛べる鳥になるほど太く発達している．自由前肢骨は，上腕骨，前腕骨（橈骨，尺骨），手根骨，中手骨，指骨からなる．ニワトリは手根骨が少なく，また，著しく指骨の数も少なくなっている．

後肢骨も前肢骨と同様に，後肢帯と自由後肢骨に分けられる．後肢帯は，腸骨，恥骨および座骨とともに寛骨をつくる．左右の寛骨は両側からその中央に複合仙骨をしっかりと挟み，堅牢な腰部骨格の一部となっている．また，両寛骨は腹側で結合されないので，広く開いたままの開放性骨盤となり，産卵にとって都合のよいものとなっている．自由後肢骨は，大腿骨，下腿骨，膝蓋骨，足根骨，中足骨および趾骨からなる．ニワトリの大腿骨は体幹側壁の皮膚で包まれており，その位置を外部から確認することは困難である．体重の支持および歩行をすべて引き受ける後肢において，強大なパワーを生み出すことといかにからだのバランスをとるかは，その最大の使命である．それゆえ不動かつ堅牢な腰部骨格と寛骨によって確保した広い空間に強大な筋肉のスペースを用意し，さらに趾骨が大きく放射状に開くことにより負重を分散させながら，第一趾だけが後方に向かうことで趾間の負重調節を行っているのである．

（3）秘められた別の使命

ニワトリにおいて，骨格の占める割合は体重の 5.5-7.5% といわれている．ニワトリの骨は，約 80% の固形分と 20% の水分からなっている．固形分の 3 分の 2 は有機物で，残りの 3 分の 1 は炭酸カルシウム，リン酸カルシウムなどの無機塩類である．産卵あるいは換羽に際して，骨の成分が変化することはよく知られている．卵の殻（卵殻）の主成分であるカルシウムの 60-75% は，ニワトリが摂取した飼料に由来しているが，同様に骨も卵殻が形成されるとき，ミネラルの重要な供給源としての役割を果たしている．若い個体の長骨内部の髄腔には，血液細胞からなる赤骨髄が詰まっており，ここで造血が行われている．成長するにしたがい髄腔は空洞化し，空気をふくむようになる，いわゆる含気骨がつくられてくる．含気骨は非常に軽いが，きわめて堅牢な骨であり，表面の気孔を介して気嚢に通じ，さらに呼吸器系を経て外界との通路を確保している．

からだを操る

生物の運動とは，重力，風，水流などの環境要因によって起こる他動的なものではなく，生物体が能動的に起こす各種の動きであり，個体内の局部運動および個体全体の移動運動に分けられる．運動を生み出しているもっとも基礎的な単位は細胞運動であり，これはすべての生物に共通することである．

（1）動きのみなもと

動物にみられる運動は主として筋肉を用いて行われており，高度に発達

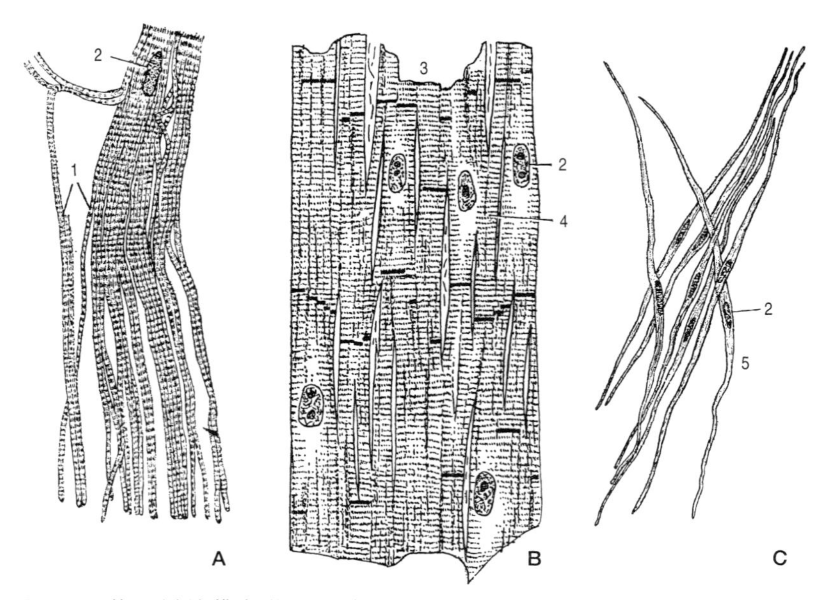

図 2-16 筋の分類と構造（加藤 1961）
A：横紋筋，B：心筋，C：平滑筋.
1：筋原線維，2：核，3：心筋線維，4：結合枝，5：平滑筋線維.

した動きを筋肉の介在なしに理解することは不可能である.

筋肉は運動器官であり，収縮と弛緩を繰り返すことにより，さまざまな動きを表現している．筋肉にはいくつかの分け方がある（図 2-16）．まず筋肉の動きが動物の意思にもとづくものか否か，換言すると脳脊髄神経の支配を受けているか，自律神経系で制御されているのか，である．前者を随意筋，後者を不随意筋に区別できる．さらに，構造的には３つに分けられる．すなわち，筋原線維に横紋をもつ横紋筋，長紡錘形で単核細胞からなる平滑筋，および筋原線維に横紋は認められるが，個々の細胞がたがいに独立している心筋である．横紋筋は，骨と骨とをつないでいるために骨格筋ともよばれ，随意運動の原動力である．平滑筋は，内臓諸器官および血管などにみられる筋肉で，不随意運動を行わせている．心筋は心臓の筋肉で，構造的には横紋筋に類似するが，意思による制御はできない不随意筋である．この項では動物の行動に深くかかわっている横紋筋を筋肉としてとりあげ，ニワトリの動きについてみていくことにする．

（2）動きを表現する

ニワトリの筋肉はその数が非常に多く，また，家畜のものと相同関係が明らかにされていないものが多い（図 2-17）．

骨格とは関係をもたず皮膚の直下にありこれに付着する，あるいは骨に起こり皮膚に終わる筋肉を皮筋とよんでいる．もとは体壁筋であったものが，骨格から離れて皮下に付着したとされている．ニワトリの皮筋は，家畜のものとくらべると個々の発達は貧弱ではあるが，その数においては上まわっている．ニワトリの雄どうしがはじめて出会うと，まずにらみ合いがはじまり，おたがいの頸羽を逆立てて相手を威嚇する行動がみられる．これは皮筋の働きによるものである．ニワトリの正羽の乳頭は 4 つの皮筋と連絡しており，それらの筋肉が緊張することによって，羽が起立し興奮状態を表現しているのである．皮筋はこのほか翼膜を緊張させる際にも役立っている．

ニワトリの喜怒哀楽をその表情からよみとることはきわめて困難なことである．ニワトリの顔に口唇，頤，頬，耳介などがないことを考えれば当然のことであるが，これらの器官を動かす筋肉も存在しないことになり，結果的にニワトリの顔面の筋肉は少なく，繊細な分化も積極的になされていない．しかしながら，眼瞼の運動筋，嘴を開閉させる咬筋，側頭筋，翼突筋および舌骨の筋は，よく発達している．とくに，下顎の筋肉は鳥類特有の方形骨があるために，筋肉の数が多くなっている．

頸部の自由自在な動きは，非常に滑らかでかつ軽快である．これは長い頸椎に対応して多数のさまざまな筋肉が複雑に交叉しながら発達し，1 つ 1 つの筋肉の動きがほかの筋肉の動きと一体化して表現された結果である．

背部の筋肉は，胸椎および腰椎が癒合し，不動の腰部骨格を形成し運動性をさほど必要としないために，発達がみられず退化している．

胸部の筋肉は，呼吸時の肋骨の動きを助けている．ニワトリが空気を吸いこむ際は，まず胸骨，烏口骨，鎖骨，肋骨からなる胸骨部を前下方へ下げ，外肋間筋および胸横筋により肋骨を前方に引き，胸腔と肺を広げる．さらに空気を吐き出す際は，内肋間筋により肋骨を後ろに引きながら，逆

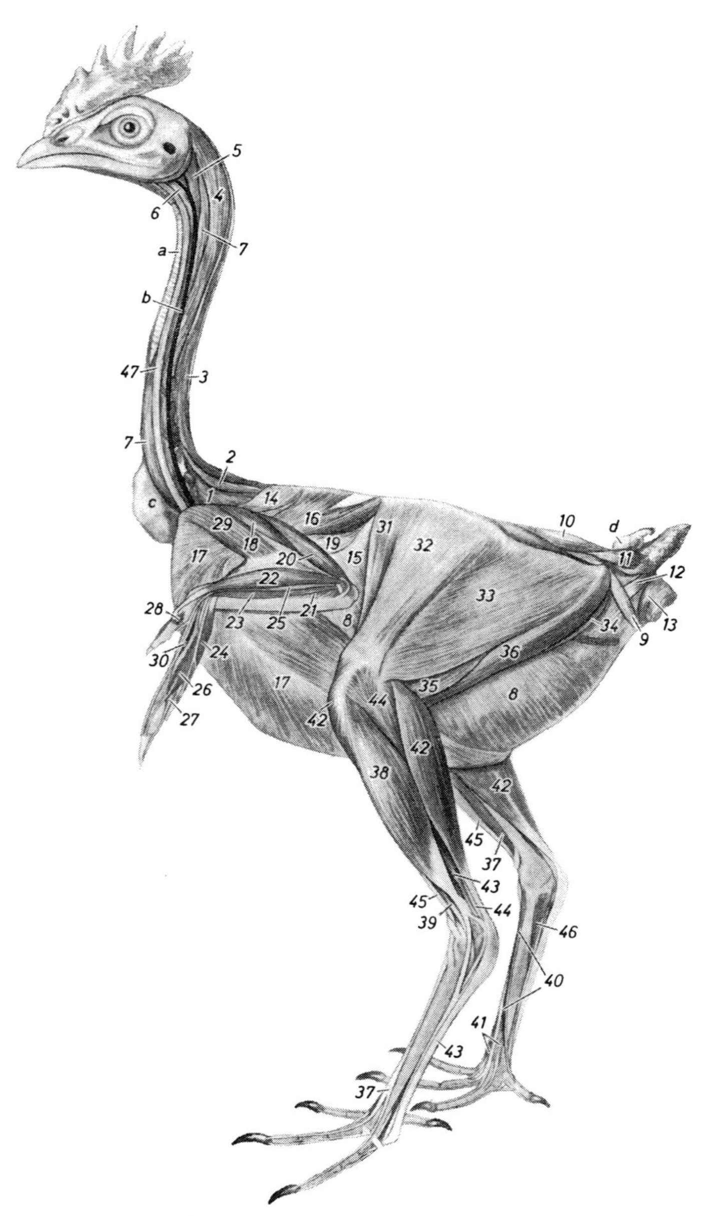

図 2-17 体表の筋肉（Nickel *et al.* 1973）

の運動を行っている．ニワトリはこの一連の運動で，1分間に20-30回呼吸している．

前肢の筋肉は，そのほとんどが飛行するための筋肉であり，著しく発達している．また，家畜にはみられない烏口骨および癒合鎖骨があるために，筋肉の種類は多くなり，複雑な翼の動きに対応している．前肢帯のなかできわめて発達した浅胸筋は翼を下げる働きをし，その下にある深胸筋および上烏口筋は翼を上げる働きをしている．前肢の筋肉は筋肉全体の約半分を占め，白色を呈している．白色の筋肉は水分含量が高く，急激な運動に対してはよく対応するが，つかれやすいとされている．

後肢は歩行を行うだけでなく，からだをしっかりと支えるために，大型で丈夫な筋肉をもっている．肢端の筋肉は重心を体軸に接近させた形態をしており，長く伸びた腱は遠位部で骨化している．後肢の筋肉は前肢のものと異なり，脂肪や色素が豊富で赤い色を呈し，持久力に富むタフな筋肉である．

からだをつくる

ニワトリのからだは，有機物と無機物から構成されている．有機物としてはタンパク質および脂質がおもなものであり，無機物では水分がもっとも多く，無機塩類などがふくまれる．一般に動物が成長したりからだを保つためには，さまざまな生理作用をともないながら，からだの構成物質の増量を求めたり維持することが必要となる．ニワトリにおいても，このような体成分にかかわる生理作用を営むためには，外界からの体成分の補給，すなわち食物として摂取しなければならない．摂取した食物は，吸収可能な形態にまで変化させたのち，栄養素としてとりこまれる．この一連の過程を受けもつのが消化器官である．消化は食物を機械的に細分する作業と，成分物質をさらにコロイド粒子あるいは分子の状態で分散・分解させる作業からなり，前者を物理的消化，後者を化学的消化として分けている．続いて，消化管壁から栄養素が吸収されることになる．

ニワトリの消化管は，哺乳類のものと比較するとかなりの相違点をもっている．食物は，まずニワトリの嘴で摂取され，口腔，咽頭，食道，嗉嚢（そのう），腺胃（前胃），筋胃（砂嚢），小腸，大腸を通過し，吸収されなかった残物

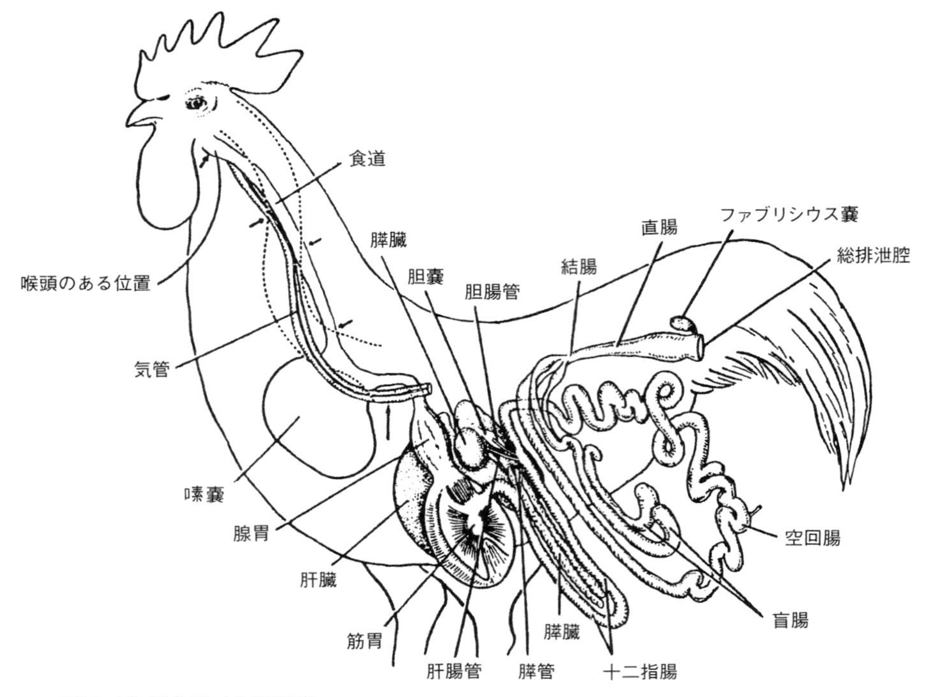

図 2-18 消化器（内藤 1978）

が糞として排泄腔より排泄される（図 2-18）．食物がニワトリの消化管を通過する時間は，哺乳類よりも著しく短い．

（1）食べる

家畜の口唇は哺乳に適応して発達したといわれ，鳥類においてこれにあたる嘴は，食性に応じてさまざまに変化している．ニワトリは，穀類をついばみやすいように比較的短い円錐形で，かたく先が鋭い粒餌型の嘴をもっている．このほかワシやタカは上嘴の先が鋭く曲がる生餌型，ツルやサギはまっすぐ長く鋭く伸びた魚餌型あるいは虫餌型，アヒルやガチョウは幅が広く扁平な匙形の濾過型，キツツキは嘴尖がオノ型の穿孔型である．

（2）飲みこむ

消化管のはじまりである口腔の最大の特徴は，頬および歯がみられないことである（図 2-19）．口腔上壁は縦に裂けており（後鼻孔），鼻腔へと連絡している．また，後鼻孔に対して口蓋ヒダが直交しており，その縁には咽頭へと向かって小乳頭が並んでいる．口腔の底部には細長く先の尖った舌が認められる．舌面は平坦であり，舌根部に横一列に乳頭群がみられ，すべて咽頭方向を向いている．舌そのものの運動性は貧弱であるが，発達した外舌筋が舌骨を動かすことにより間接的に，舌の上下および前後運動がみられる．ニワトリの口腔内の食物は，口腔上下に存在する乳頭群によって，口腔外への落下を防ぎ，さらに咽頭へと向かう方向性を与えられる．

咽頭は口腔と食道のあいだにあり，食物の通路であると同時に，鼻，耳および肺への連絡も兼ねており，さまざまなものが行き交う複雑な交差点

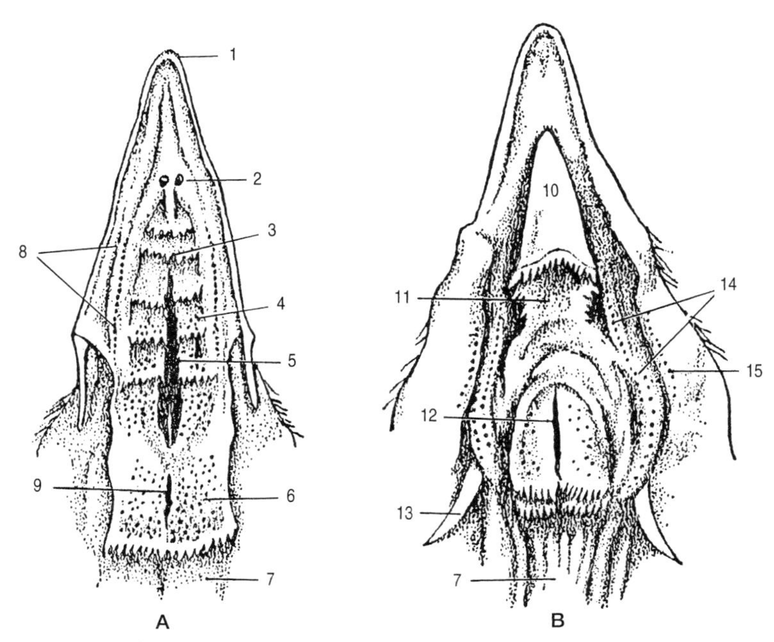

図 2-19 口腔（加藤 1978）
A：上顎，B：下顎．
1：嘴先，2, 4, 6, 8, 14, 15：口腔腺の導管の出口，3：口蓋皺，5：後鼻孔，7：食道，9：耳管咽頭口，10：舌，11：舌の基部，12：喉頭，13：舌骨．

である．また，ニワトリの場合，軟口蓋がないために口腔との境界が明瞭にされていない．食道の開口部の前には，気管のはじまりである喉頭が落とし穴のように存在している．喉頭は，呼吸道を確保するために通常は開いているが，食物を嚥下する際には，周囲の粘膜ヒダが反射的に閉じられることにより，食道への通路が整えられ，食物が送られていく．

（3）消化する

食道はその内層がよく発達した輪層，外層があまり発達していない縦層の筋肉によって構成されており，比較的太く，すばらしく拡張性に富む長い管である．内側には蒼白な縦ヒダが密にみられ，全長にわたり食道腺が存在しており，つぎの腺胃に近づくほどその数を増している．食道は，はじめ気管の背方に接して走るが，まもなく右側に曲がり，体腔へと入り嗉嚢をつくり，気管分岐部でふたたび背方に戻り，両肺のあいだを抜けて腺胃へと連絡している．以上のように，食道は嗉嚢により前半部と後半部に分けられることになる（図2-20）．

嗉嚢は，食道の一部が広がってできた広いスペースで，ニワトリの場合，胸腔入口に近い正中線より右寄りに位置している．構造は食道とほぼ同じであるが，筋層が薄くなっている．嗉嚢はかたい木の実や穀類を多食するもの，および一度に多量の肉を食べる鳥類で発達している．食物は食道を通過する際，しばらく嗉嚢に立ち寄り，そこで膨軟および発酵というプロセスを受けてふたたび食道へ戻り，つぎの消化器官をめざすのである．嗉嚢はニワトリの頸の付根をさわることにより容易に確認でき，ニワトリが十分食べているかどうか判断できる．

ニワトリにおいて，哺乳類の胃にあたるのが腺胃および筋胃である（図2-20）．腺胃は哺乳類の噴門部に相当し，紡錘形をしており，下方にある中間帯とよばれる狭窄部を経て筋胃へと移行している．内部の腺胃粘膜には，多くの乳頭状の隆起が存在しており，そこには胃腺が開口しているのが観察される．胃腺からは胃液が分泌され，胃液中のペプシンが食物に含まれるタンパク質を分解することになる．しかしながら，腺胃にたどり着いた食物は破砕が十分でなく，また，腺胃での滞留時間が短いために，消化はあまり進行しない．

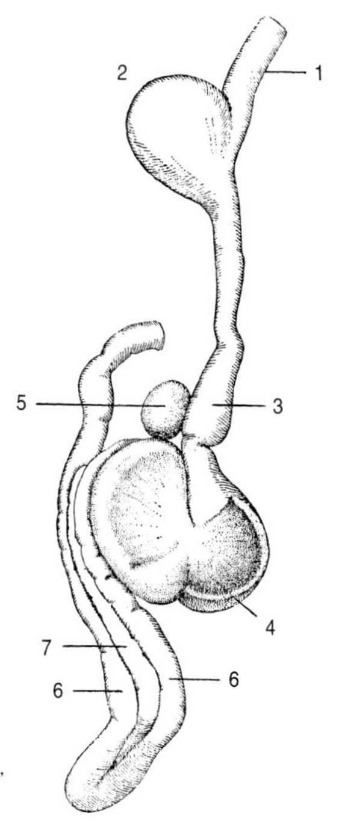

図 2-20 食道，胃，十二指腸，膵臓
(Bradely and Grahame 1960)
1：食道，2：嗉嚢，3：腺胃，4：筋胃，5：脾臓，
6：十二指腸，7：膵臓.

筋胃は哺乳類の幽門部に相当し，ニワトリでは筋層が厚くよく発達している．かたちは横に2つの凸レンズが接したようにみえ，前後に盲嚢がつくられる．腺胃とは背縁右よりの部分で連絡し，さらにすぐ右下に十二指腸へと通ずる幽門が認められる．筋胃の内部をみると，中央部は比較的平滑で縦のヒダが認められ，前後の盲嚢は凹凸に富み，ヒダが縦横に交叉している．また，筋胃を開くと，ニワトリがとりいれた砂礫をみつけることができる．このため，筋胃には砂嚢という別称がある．腺胃から送られてきた食物は，筋胃の強力な収縮運動と内部の砂礫によって十分摩砕され，腺胃で分泌されたペプシンが，効率よくタンパク質をプロテオースまたはペプトンに分解する．なお，筋胃の収縮時間は1回20秒で，1分間に2-3回繰り返される．ここまでくると，ニワトリが摂取した食物はほとんど原形をとどめなくなってしまう．

ニワトリの腸は家畜と比較するとかなり短く，体長の5-6倍，160-250

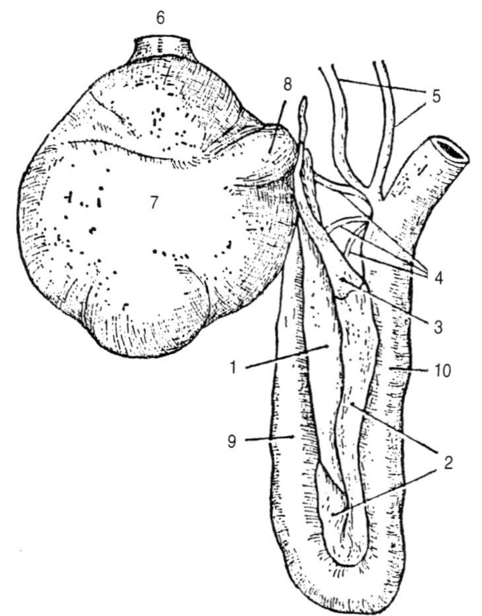

図 2-21 膵臓とまわりの臓器（加藤 1978）
1：膵臓背葉，2：膵臓腹葉，3：膵臓第三葉および脾葉，4：膵管，5：肝胆管，6：腺胃，7：筋胃，8：十二指腸のはじまり，9：十二指腸前半部，10：十二指腸後半部．

cm である．腸は十二指腸，空回腸および盲腸，大腸によって構成され，前者は小腸，後者は大腸に分けられる．消化の幹線である腸のまわりには，衛星のように膵臓，肝臓および胆嚢が存在し，自分から支線を幹線へと接続することにより，消化活動を支援している（図 2-21）．

筋胃から出た十二指腸は，22-35 cm の長さでヘアピン状にカーブし，いわゆる十二指腸ワナをつくり，内側に膵臓を挟んでいる．これに続く空回腸は比較的長く，腸間膜によってつられており，正中で迂曲しながら走り，大腸へと移行する．空回腸のなかほどに腸壁の外側に突出する小突起が認められる．これは胚のころの卵黄腸管の残りで，卵黄包茎遺残（メッケル憩室）とよばれている．膵臓は白黄色の細長い腺体で，背葉，腹葉，第三葉および脾葉からなっており，前三者よりそれぞれ膵管が伸び，十二

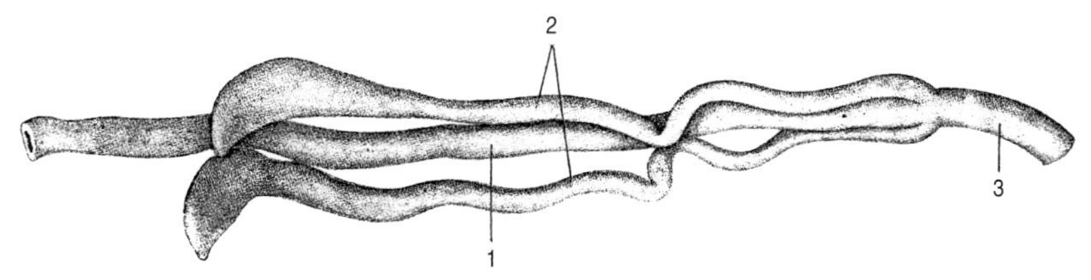

図 2-22 小腸から大腸へ（Bradely and Grahame 1960）
1：小腸のおわり，2：盲腸，3：大腸.

指腸の終わりの部分で結合している．肝臓は褐色の大型の腺体で，体腔内で腹壁および側壁に接している．深い切痕により左右両葉に分かれ，右葉の下には濃緑色をした胆嚢が認められる．両葉ともに肝管がみられる．右葉から出た肝管は胆嚢管として胆嚢に胆汁を送り，さらに総胆管となり，十二指腸と接続する．左葉から出る胆管は，胆嚢を経ずに直接十二指腸と接続する肝腸管となる．総胆管および肝腸管は，前述の3本の膵管とまとめられて総十二指腸乳頭となる．ニワトリで消化が主として行われるのは小腸である．小腸における消化は，腸腺から分泌される腸液，および膵臓から分泌される膵液にふくまれる消化酵素によるものであるが，肝臓から分泌される胆汁もこれに加わり，消化を助けている．腸液にはアミラーゼ（炭水化物分解酵素），ペプチターゼ（ペプトン分解酵素），グルコシターゼ（炭水化物分解酵素）およびヌクレアーゼ（核酸分解酵素）がふくまれる．ニワトリの唾液にはアミラーゼが存在しないので，デンプンの消化は小腸ではじまることになる．膵液にはトリプシン（タンパク質分解酵素），リパーゼ（脂肪分解酵素）およびアミラーゼがふくまれる．筋胃においてpHが下がった内容物は，小腸内で上記の酵素と混合され弱酸化され，含有している炭水化物，タンパク質および脂肪が本格的に化学的消化を受けることになる．

小腸から大腸に移行すると，すぐ両側に1対の盲腸が付着している（図2-22）．盲腸は長さ12-15 cmの盲嚢で，先端は小腸のほうに向かっており，ちょうど3本の腸が短い腸間膜によってつながれ，並んでみえる．大腸は境界の不明な結腸および直腸から構成されている．盲腸内には哺乳類と同様に微生物が多数共生しており，時間をかけて繊維物の消化を行っている．ここにたどり着いた内容物は，すべてが腸道である盲腸にとりこまれるわけではなく，そのまま通過していくものもある．ニワトリの糞は，水分を多くふくみ臭気が強く粘性の高い褐色のものと，頻繁にみられる青黒い固形体のものがある．盲腸に長く停滞した糞は盲腸糞とよばれ前者であり，盲腸を経ずに6時間ぐらいで排泄されるのは後者である．大腸における消化作用はほとんど行われず，水分の吸収のみに限られる．

（4）吸収する

ところで，ここまでニワトリの消化作用について述べてきたが，食物中にふくまれる三大栄養素である炭水化物，タンパク質および脂肪は，腸内で低分子物質へと分解され，吸収可能な状態になる．すなわち，炭水化物はブドウ糖や果糖などの単糖類に，タンパク質はアミノ酸に，脂肪は脂肪酸とグリセリンに変化させられる．これらの低分子物質は，ビタミン，塩類および水分とともに，腸の粘膜を通して血液あるいはリンパ液中へと移動していく．胃および腸をめぐり消化産物を吸収し太った血液は，胃十二指腸静脈，前腸間膜静脈および後腸間膜静脈へと集められ，門脈としてまとめられたのち，貯蔵器官である肝臓へと向かうことになる．

（5）排泄する

消化が終了すると，吸収されなかった残物は，糞として排泄される．ニワトリの排泄腔は，消化道および尿生殖道が末端で1つになり開口しているので，総排泄腔とよばれ，雌雄で形態が異なっている．

2.2 軽さの追求

大気にとける

鳥が自由に空を飛んでいる姿は，地上を生活の場とするわれわれにとってはいつの時代も憧れであった．優雅に羽を広げ飛翔することで，かれらは地上での劣等感を払拭し，独自の世界を維持してきたのである．鳥たちの優れた飛翔力は，永い時の流れのなかでかれらが培ってきた結果であり，たんに翼のみに起因する能力ではなく，そこには生き抜くための強い執念さえ感じさせるものがある．

鳥は，翼により風の力を味方につけるだけでなく，からだの内部には大気さえも自分のものにしようとする企てを秘めている．ニワトリのからだのなかにも，同じようにこの思想が受け継がれている．

ニワトリは，大気すなわち空気を上嘴の付根にある1対の外鼻孔から咽頭，喉頭，気管，気管支および肺という順に導き入れ，ふくまれる酸素と体組織から集めた二酸化炭素とを交換して体外へと放出する．しかしながら，ニワトリの呼吸器系には続きがあり，ほかの鳥類と同様に特異的な分化を遂げている（図2-23）．ニワトリの肺は淡赤色をしたスポンジ状の器官で，広い胸郭に比較して小さく，脊椎を境に左右に分けられている．哺乳類の肺は盲嚢構造であり，肺に侵入した気管支は枝状に分岐し，伸びるにつれてだんだん細くなり，肺胞へと連絡する．一方，ニワトリにおいては，気管支は両肺の腹面側，前方部分の肺門よりそれぞれ侵入し，幹気管支となり，肺内を後方まで直線的に進む．幹気管支からは前庭部で腹方に4本の腹気管支，膜性部で背方に8本の背気管支が二次気管支として分岐している．これらの二次気管支のいくつかは，肺を貫き肺外で薄膜からなる気嚢と連絡する．すなわち，体内における空気の流れをマラソンにたとえると，哺乳類の肺は折り返し地点であるのに対し，ニワトリの肺はまだ先がみえない通過点なのである．さらに述べると，哺乳類の肺は大きく伸縮することでランナーである空気に折り返す指示を与えるが，ニワトリの肺にその必然性はなく，前述の気嚢がその役を務めることになる．実際，ニワトリの肺は深く肋間隙に入りこみ，肋骨がくいこむために拡張性は乏しい．

気嚢は鳥類だけにみられる器官ではない．カメレオン科およびオオトカゲ科の動物の肺によく似た構造をもつものがおり，爬虫類から受け継いだ器官であることがうかがえる．気嚢は，孵化後8日目の雛において，気管が肺からとびだした袋のようなものとして観察されはじめ，成長するにしたがい肺から離れたところまで拡張されていく．ニワトリの気嚢には頸気嚢，鎖骨間気嚢，前胸気嚢，後胸気嚢および腹気嚢がある．気嚢は，その内部を空気で一杯にふくらませながら呼吸を助けるだけでなく，薄い粘膜

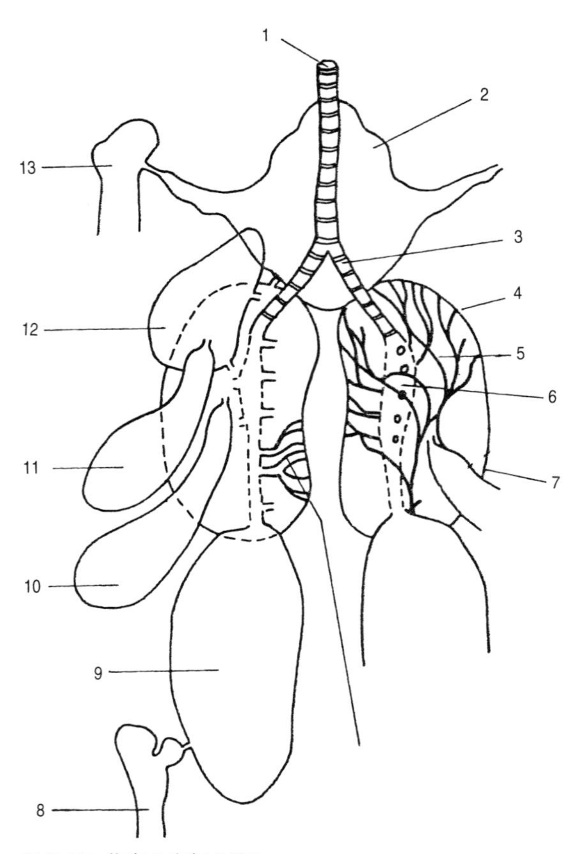

図 2-23 体内の空気の流れ
(Bradely and Grahame 1960)
1：気管，2：鎖骨間気嚢，3：気管支，4：三次気管支，5：二次気管支，6：前庭，7：肺，8：大腿骨，9：腹気嚢，10：後胸気嚢，11：前胸気嚢，12：頸気嚢，13：上腕骨.

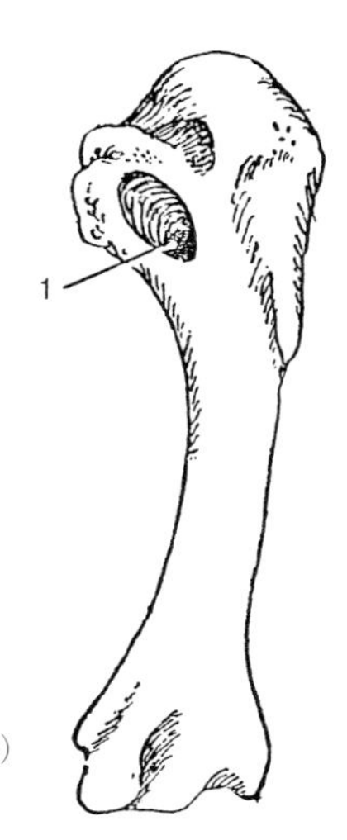

図 2-24 上腕骨の気孔（加藤 1978）
1：気孔.

という特性を生かし，まわりの器官の形態に柔軟に対応しながら，胸腹腔，内臓のあいだはもとより，筋肉あるいは気孔を介して骨のなかまで入りこんでいる（図 2-24）．驚くことに，気嚢の侵入を受けていない骨を探してみると，扁平な胸骨，肋骨および頭蓋骨しか見当たらず，そのほかの骨はすべて，肺から遠く離れた四肢骨にいたるまで気嚢が確認できる．ニワトリの体内において，気嚢は積極的に進出することにより，大気をも自分のなかへとりこみ，大気にとけこむようにからだの軽量化を追求してきたのである．

飲みこんだ歯

ニワトリにおいて，歯と膀胱に共通することというとなんであろう．答はかんたんである．両者ともニワトリにはない器官であり，「なぜ存在しないのか」という問いかけには，「軽さを求めていくうちに退化してしまったことが理由の１つである」と答えられる．鳥類は，より高性能な飛翔力を生み出すために，さまざまな体内改造を自分に課してきた．発射されたロケットが，高速な推進力を獲得・維持するために，使い果たした燃料タンクをつぎつぎに切り離すように，鳥類が冷静に己のからだをみつめ，取捨の選択を行ってきたことも，体内改造のためにかれらが講じた方策の

1つである．

ジュラ紀後期に出現した化石鳥類である始祖鳥は，鳥類の基本的な特長をもって未知なる世界へと羽ばたこうと試みてはいたが，実際は爬虫類と鳥類のあいだで進退両難の道を歩いていた．始祖鳥は鳥類最古の祖先と考えられており，鳥類がさまざまな試行錯誤を繰り返しながら空を席巻できるようになった過程で，スタート地点に立つ鳥である．始祖鳥は意外と小さく，カラスぐらいの大きさで，全身が羽に覆われ，前肢は翼となっているが，明らかに歯を有していた．始祖鳥の歯が消えてしまった理由として，前述したように，軽さを追求していくうちにという答は非常に重要なことである．しかし，はたしてそれだけであろうか．軽さの追求というテーマからは少し外れるが，ここでは鳥類の歯についてもう少し考えてみたい

図 2–25 歯をもつ鳥
イベロメソルニスの復元画．低空で飛ぶのに必要な小翼をもったスズメぐらいの大きさの鳥とされ，口に歯が認められる．

(図 2-25).

歯の比重をヒトについてみると，部位により変化しているが，2.1-2.9 の範囲であり，骨の比重 1.92-1.99 より大きいことは明らかである．軽さを追求するうえで，ここに鳥類が十分な根拠を見出したのはまずまちがいないであろう．

摂取した食物を咀嚼なしに消化管に送りこむことは，当然効率的な消化作用を阻害することであり，それを解決するために，ニワトリには強靱な筋胃が備わっている．さらに筋胃の内部には，ニワトリが集めた砂粒が歯の代用品として存在しており，砂嚢というよび名のほかに咀嚼胃ともよばれている所以である．さて，ここで疑問が生じる．すなわち，軽さを追求するがゆえに歯を捨てたはずなのに，やはり正常な消化活動を営むためには，粉砕能力の高い歯に類似するものが必要だったのである．「捨てた歯」と「飲みこんだ歯」のあいだにどれだけの質量差があるのだろうか．残念ながら，この疑問に答える科学的根拠を今はもちあわせていない．

おそらく，歯を捨てるにいたったニワトリには，軽さを求めるということのほかに，採食行動に時間を費やすことが許されなかったのではないだろうか．採食に時間をかけているあいだ，ニワトリは捕食者たちの監視を受けることになり，ときには無防備になってしまう．このことはすぐに死を意味し，短い時間でできるだけ多くの食物を摂取するためには，そのまま飲みこむしかなかったのである．あとは安全な場所で十分に消化と吸収を行うことが，生きぬくための知恵だったのであろう．

2.3 雄の役割・雌の役割

雄の生殖器

ニワトリの雄の生殖器官は，精巣，精巣上体，精管，副生殖器官および退化交尾器より構成されている（図 2-26）．これらの器官は，雄の配偶子である精子を生産し，運搬する役目をもっている．ニワトリを解剖していく過程で，消化器系器官を慎重に腹腔からとりだしていくと，腰仙骨部の体壁側に左右 1 対，白色の卵円形をした精巣とそれに続く一連の生殖器官

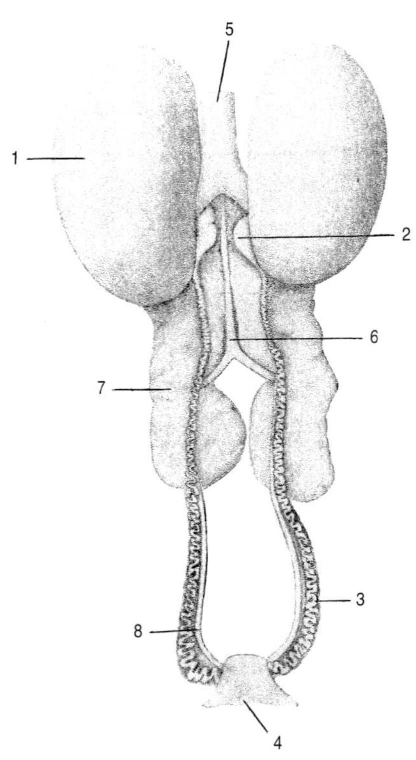

図 2-26 雄の生殖器
(Bradely and Grahame 1960)
1：精巣，2：精巣上体，3：精管，4：排泄腔，5：大静脈，6：大動脈，7：腎臓，8：尿管．

が姿を現してくる．

精巣は比較的大きく，左右合わせると体重の 1% にもなり，薄い膜で囲まれたその内部には，伸ばすと 250 m に達するといわれる精細管が詰めこまれている．精細管内では精子形成がさかんに行われており，形態的に完成された精子は，精巣の内側縁にある精巣上体に集められ，ここで成熟し受精能力を獲得する．精巣上体に続く精管は，精液を運ぶ通路と貯蔵する役割をもっている．ニワトリには明確な副生殖腺および外生殖器が見当たらず，これにあたるものとしては，副生殖器官である脈管豊多体とリンパ襞，および退化交尾器が存在している（西山 1966）．

夏から秋にかけてみられる換羽期には，精巣は萎縮し造精機能は中止され，その色は白から黄白色へと変化する．

雌の生殖器

ニワトリの雌の生殖器は，卵巣および卵管の2つの部分から成り立っている（図2-27）．また，本来左右対称であるべき生殖器が，右側の卵巣は退化消失し，卵管は残存物を認める程度である．

産卵を活発に行っている個体において，その腹腔内をのぞいてみると，ひときわ鮮やかな黄色の球形をした卵胞が集合しているのが観察される．この器官が卵巣である．卵巣には，各発育段階に応じて大小さまざまな卵胞がブドウの房のように集まっている．卵管は全長約70 cmほどの非常に拡張性に富む膜管で（図2-28），脊柱の左側に沿って曲がりくねってつるされている．前方から，薄いラッパ状に開いた漏斗部，膨大（卵白分泌）部，峡部，卵殻腺（子宮）部および膣部に分けられる．

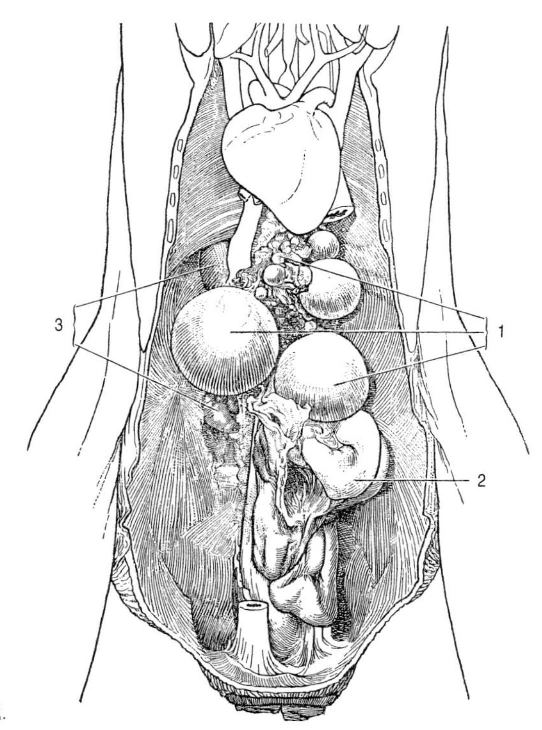

図2-27 雌の生殖器
（Bradely and Grahame 1960）
1：卵胞，2：卵管，3：腎臓．

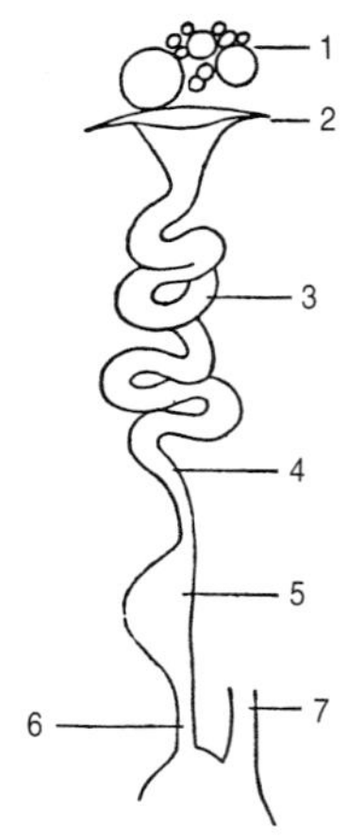

図 2-28 卵管の模式図（Bradely and Grahame 1960）
1：卵巣，2：漏斗部（6-8 cm），3：膨大部（30 cm），4：峡部（10 cm），5：卵殻腺部（10 cm），6：膣部（10-12 cm），7：直腸．

遺伝子を混ぜる

ニワトリの精子および卵子は，それぞれ精巣および卵巣で染色体数の半減をともなう成熟分裂を経たのちつくられる．その後，交尾により卵管の末端に射精された精子は，それ自身の運動よりも卵管の筋肉運動により，卵管上流の漏斗部まで押し上げられる．一方，排卵された卵子は漏斗部で受けとられ，ここで精子に出会うと受精が行われる．このとき，両親から託された遺伝子は，受精卵のなかで遺伝子セット（倍数体）となり，発生という道を歩きはじめるのである．ともすれば，この段階で両親の遺伝子が混合されたととらえがちであるが，それは早計である．正確には，受精卵は父親および母親から贈られた遺伝子の組み合わせをそれぞれが座位する染色体上で保持し，これから発現をとおして明らかとなる遺伝子の相性診断へと旅立とうとしているのである．結果が吉と出るか凶と出るかは，まだだれにもわからないのである．

では，いったいいつ，どこで，両親から受け継いだ遺伝子たちは，混ぜ合わせられるのだろうか．それは，この受精卵が正常な個体として成長したとき，つまり両親から受け継いだ遺伝子の相性に吉という判定が下されたとき，ようやくその個体の生殖細胞において，新たなる生命へと託す遺伝子の混合作業が行われるのである．実際には，2つの分裂からなる成熟分裂のうち第1分裂の過程で，相同染色体が対合する際に起こる染色体の交換および交叉によって，両親由来の遺伝子は組換えを生じ，混ぜ合わせられるのである．

このように，攪拌された遺伝情報を運ぶ配偶子は，1つとして同じ内容のものは存在せず，偶然という力で引き合わせられた相手と受精し，新たな組み合わせをつくり，ふたたび生命の試金石となるのである．

雄の立場と雌の立場

動物が交尾，産卵，出産，育子などを行う繁殖期は，1年の特定の季節だけに限って現れる季節繁殖と，季節の制限がなくなってしまう周年繁殖とに区別される．多くの野生動物の場合は前者であり，ニワトリは原則として後者に属している．

ニワトリの性成熟は，雌雄ともに品種，個体およびおかれた環境によって異なっているが，一般に卵用である白色レグホンなどの軽種は，肉用のコーニッシュなどの重種よりも早い．性成熟に達した雄の精巣機能は，春

図 2-29 母ニワトリと雛たち（ラオスの農家での風景）

において活発であり，秋から冬にかけては減退する傾向がみられる．雌の産卵性をコントロールしている要因は複雑で，孵化の時期，産卵周期，就巣，換羽などの内的および栄養，光，温度などの外的なものからさまざまな影響を受け，産卵と休産を繰り返している．

新しい世代を生産することは，雄と雌のニワトリの共同作業であり，基本的には両性が等しく貢献している．しかしながら，受精の場の提供，発生に必要な栄養供給，孵化後の育雛などを考えると，雌側の役割は重要で，かなりのエネルギーが要求される．雄の本能は，いかにライバルであるほかの雄を排除し，自分の遺伝子をどれだけ多くの雌に分け与えるかに集中し，雌を選択するという行動はみられない．一方，雌は勝ち残ってくる雄を冷静に見極めながら，より確実な子孫繁栄を願っている．別の見方をすると，雄は雌にとって求めずとも歩み寄ってくる存在であり，雌は雄にとってときには命を賭して得る存在なのである．そこに新しい生命を生み出すための雌の投資を重ね合わせてみると，両者のちがいは不思議と当然なのかもしれないと思えてくる（図 2-29）．

2.4 卵に秘められた業

卵の構造

卵には次代を担うという重大な使命があり，母体を離れて胚の発生が行われるために，さまざまな試練を無事くぐりぬけられるような工夫が詰まっている．放卵されたニワトリの卵は，卵殻，卵白および卵黄の 3 つの部分から構成され（図 2-30），各部の割合はそれぞれおよそ 10%，60%，30% という数値を示している．

卵殻は，外側から外部粉末層（クチクラ），中間層および内層からなり，続いて 2 枚の卵殻膜がある．クチクラはきわめて薄い膜で卵殻を包みこみ，細菌やかびなどが侵入するのを防ぎ，卵を無菌的に保つ役割がある反面，通気性も備えている．放卵されてしばらくのあいだ，卵殻は光沢がなくザラザラした感じであるが，時間の経過とともに光沢をもつようになる．これはクチクラ層が失われたためであり，放卵されてからの時間経過のおお

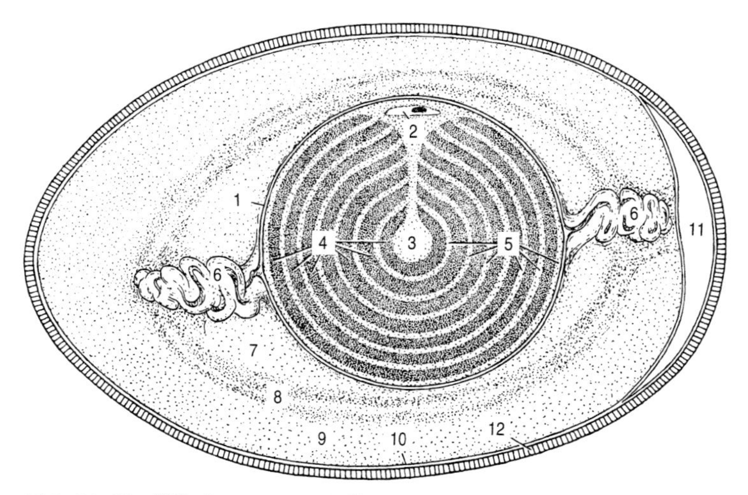

図 2-30 卵の構造（Nickel *et al.* 1973）
1：卵黄膜，2：胚盤，3：ラテブラ，4：黄色卵黄層，5：白色卵黄層，6：カラザ，7：内水様卵白，8：濃厚卵白，9：外水様卵白，10：卵殻膜，11：気室，12：卵殻.

まかな指標となる．ニワトリの卵は，球形ではなく穏やかに尖った鋭端部とそれより広角な鈍端部に区別できる．卵殻のほとんどを占める中間層は，炭酸カルシウムを主成分とする無機物からできており，表面には多数の気孔が認められる．気孔は胚にとって，呼吸作用および水分調節の通路として生かされ，通常鈍端部に多く，鋭端部では少なくなっている．

ところで，ニワトリの卵を転がしてみると，鋭端部を中心に円を描くようにして戻ってくる．このことは，地上に巣をつくり抱卵するニワトリにとって，このうえなく有利な状況となる．つまり，抱卵中のニワトリの動きによって，卵が巣より離れる，あるいは極端な場合，失われることを防いでいるのである．もし球形だとしたら，母鶏の心労はいかほどであろうか．

卵殻膜は，卵殻に密着した外卵殻膜と卵白を包んでいる内卵殻膜の２層の薄い膜からなり，ともに卵の内部を保護している．産み出された直後の卵において，２枚の卵殻膜はたがいに密着しているが，しだいに卵の温度が下がってくると，両者のあいだに外部から空気が侵入し，気室を形成する．気室ができるのは，放卵直後の温かい卵が冷却され，卵内部の容積が減少したためと考えられ，気孔を多くもつ鈍端側に通常存在している．

卵白は，外側から外水様性卵白，外濃厚卵白，内水様性卵白および内濃厚卵白の順に卵黄を囲んでいる．卵白の主成分はオボアルブミン，コンアルブミン，オボムコイドなどのタンパク質である．卵黄から卵の長軸に沿ってオボムチンの繊維が多数集合したカラザが，鈍端および鋭端に向かって伸びている．カラザの中心に向かう端は卵黄膜と結合し，外側に伸びる端は外濃厚卵白のなかでオボムチン繊維がとけこんでいる．2本のカラザはたがいに逆方向へとねじれた構造物で，卵黄を中心で固定するとともに，卵が回転してもつねに胚盤が上にくるように，位置の修正を行っている．これらの機構は，胚が正常に発生するための最適な環境をつくりだしている．

卵黄は，中心にあるラテブラのまわりに黄色卵黄と白色卵黄の層が同心円を描くように重なってつくられており，その外部は卵黄膜によって包まれている．ラテブラは白色卵黄であり，卵黄表面に向かってラテブラの首が伸びてパンダーの核をつくり，そこに将来雛となる胚盤を浮かべている．ラテブラの首は，胚盤が卵黄成分の蓄積にともない，中心から移動した跡である．

2つの卵

ニワトリの卵は，卵巣において発育し，排卵後，卵管に受けとられ，その内部を通過するあいだに，前述したさまざまな構造が付加され，放卵される．この過程は，排卵を境にして前半が卵子形成（oogenesis），後半が卵形成（egg formation）に分けられる．

ニワトリにおける受精部位は漏斗部であり，排卵された卵子がただちに精子と出会えなければ，漏斗部後部において分泌される卵白により卵子は封印され，未受精のまま放卵されることになる．

卵子をめざして卵管を旅してきた精子は，卵子に侵入する際，1個ではなく3–5個といわれ，一般にニワトリをふくむ家禽の場合，多精子侵入が正常であるとされている．その後，精子は胚盤にある卵核に1個侵入することで受精という任務を遂行する．雄側の戦略の1つは，この場面でようやく完了するのである．精子と受精した卵子は，もはや卵子という呼称は相応しくなく，受精卵として卵管を下降しながら分割を繰り返し，胚胞腔が生じるまでの初期発生をすませて放卵されるのである．ニワトリの場合，1回の交尾で7-10日間もの長期間にわたり受精卵を生産し続けることが可能である．

卵子形成

ニワトリの雛の卵巣をのぞいてみると，きわめて微小な卵胞が顆粒状に観察される．それらに動きがみられるのは，4カ月齢を過ぎたころからである．卵胞には卵黄物質の合成能力はないため，卵黄成分は血液によって運ばれ，選択的に吸収されることになる．まず白色卵黄が集められ，しだいに直径4-6 mmの大きさとなり，ラテブラの部分がつくられる．卵胞は排卵が近づくと，さかんに卵黄を蓄積しながら急速に成長し，約9日間で18-20倍もの重量に達する．活発に産卵しているニワトリの卵巣には，急速成長期に移行した大きさの異なる黄色い卵胞がいくつか確認できる．これらの卵胞のあいだには完全な順位制が存在しており，小さなものが大きなものを追い越して成長することはなく，また大きさの順に排卵されていく．これは鳥類にみられる特長で，卵胞ヒエラルキーとよばれている．

卵のなかの手紙

卵黄蓄積を完了し膨大した卵胞は，スチグマの部分が破れて卵胞から卵子が排出され，排卵が起こる．排卵された卵子は卵管漏斗部に受けとられ，卵管を下降していく．排卵が近づいたニワトリの卵巣では，すでに排卵を察知した漏斗部が，その薄い膜で最大卵胞をとりかこみ，いつ排卵が起こってもよいように万全の態勢をとっているのが観察されることがある．卵管は卵巣と連絡していないために，確実に卵子を受けとる工夫が必要であり，そのようすはヘビが大きく口を開いて，まさに卵を飲みこもうとしている姿を連想させる．

卵管は外側から漿膜，筋層および粘膜からなっている．縦走筋および輪走筋の2層からなる筋層組織は，伸縮することで卵子の卵管内での移動を可能にしている．また，粘膜層には卵管の部位ごとに複雑なヒダが認め

表 2-1 卵の卵管内通過時間

卵管の部位	およその卵滞留時間
漏斗部	15 分
膨大部	3 時間前後
峡部	1 時間 15 分
子宮部	19-22 時間
膣部	5 分以内
卵管全体	24-27 時間

(『新編畜産大事典』より作成)

れ，分泌面積を十分確保している．卵管は卵子を漏斗部から通過させていくにしたがい，卵白，卵殻膜および卵殻をもった卵を完成させ体外へと産み出すことと，卵の流れとは逆に雄から受けた精子を膣部から漏斗部あるいは卵巣近くまで運ぶという，2 方向の機能をもっている．

排卵された卵子が卵管に入ると，まず膨大部で卵白，峡部で卵殻膜，および子宮部で卵殻が形成される．卵が卵管を移動するのにかかる時間は 24-27 時間であり，そのほとんどは子宮部での卵殻形成に費やされる（表 2-1）．なお，漏斗部および膣部は，卵形成にはほとんど関与せず，卵が通過するのみである．また，このように排卵から放卵までの時間は 24 時間以上であり，連産している場合，毎日同時刻に放卵することはありえず，日を追うごとに放卵時刻は遅くなっていく．通常，ニワトリは数日産卵を続け夕方近くに放卵したのち，1 日休産し，また産卵をはじめるという産卵周期をもっている．連産する長さ，すなわちクラッチは個体ごとにほぼ一定で，クラッチの長短により産卵数は影響を受けることになる．

膣部から首尾よく卵管内に侵入した精子は，そのまま卵管を上昇するものと子宮・膣移行部に貯留されるものに分けられる．運動性の低い精子の卵管内での移動は，卵管の筋肉運動に支えられている．精子の進行速度は速く，卵管内に卵がなければ約 26 分で漏斗部まで達する．卵管において精子の貯留される部位は，スパームネストとよばれる腺腔であり，このほか漏斗部後部にもみられる．スパームネストに隠れた精子は，卵が通過する際，卵管が広げられることにより，腺腔からふたたび卵管へと戻ることになる．

さて，今から 20 年ほど前，私が学部学生だったころの話である．繁殖学の学生実験で，先生が「ニワトリはこんな卵も産みます」と，不思議な卵を出された．なんの変哲もないニワトリの卵であったが，割卵してみると，あるべきはずの卵黄は存在せず，かわりに寒天に包まれた手紙が出てきたのである．何度となくこの種の罠に強引に引きずりこまれていたわれわれは，殻を調べたりと必死に謎解きを試みたが，むだだった．しばらくして，「では，実際に産ませてみましょう」とおっしゃり，ニワトリにネンブタールで麻酔をかけ開腹手術をはじめられた．われわれは先生の手際のよさに感動するとともに，その種明かしに度肝をぬかれた．先生は保定されたニワトリの左側の腹部にメスを入れられると，つぎに漏斗部を探り出し，その開口部へ寒天を挿入し，切開された皮膚を縫合しながら「明日を待ちましょう」と二重に結ばれた．

ニワトリの卵管は，その上流より内腔に侵入してくる物体に対して機械的に卵白，卵殻膜および卵殻を形成していたのである．卵であるかどうかの識別は，すべて漏斗部の判断に任せられていたのである．

第3章 時の流れを遡る
ニワトリの成立

地球上にはじめて生命が誕生したのは，今から約40億年前とされている．それから今日にいたるまでの莫大な時の流れのなかで，繰り返され続けている生物の誕生と絶滅の歴史は，そのまま地球という天体が抱える自然の所産といえるかもしれない．かつて生存していた生物のうち，現在その99%が絶滅したという事実をふまえ，改めてニワトリを思い浮かべてみると，その姿はこの壮大なドラマのなかで瞬きにもみたない1コマであるという感慨がしだいに広がり，われわれをふくめ今を生きる地球上の生命の力強さを感ぜずにはおれない．

この章ではニワトリが遥かなる昔より保ち続けた記憶をたどりながら，祖先より渡されたメッセージに耳を傾けてみたい．

3.1 受け継がれる記憶

記憶の扉

19世紀後半，時代は生物の記憶という扉の鍵を2人の人物に託し，まさにそのノブをまわしはじめていた．

地球上のすべての生きものは全能なる神によって創られたものであるという思想は，その当時，キリスト教社会において絶対的であり，けっして覆してはならないものであった．生物は神によって創られたときからずっと不変であり，ときおり発見される化石などは時の流れのなかで消滅した生物で，現存しているものとは無関係なものであると思われていた．また，子が親に似ている，兄弟は他人よりも似ているという事実は，それまでに人類が経験的に身につけた知識であった．なぜ似ているかという疑問に対しては，子は親の中間型を表現しているという融合説によって説明されていた．

1859年，長いあいだ聖域の奥に鎮座していたこの常識に，膨大な資料をもとに書き上げられた1冊の本，『種の起源』がみごとに引導を渡した．著者であるダーウィンは，その偉大な書のなかで生物が進化してきたことをさまざまな証拠を示すことで証明し，進化のメカニズムを自然淘汰説によって説明した．ダーウィンの論理は丹念に拾い集めた事実を柱に組み上げられており，人々を納得させるのにさほど時間を要しなかった．この点において，ダーウィンより先に生物の進化を示唆しながら十分にその論拠を提示できなかったラマルクとは，明らかに異なっていた．ダーウィンによってわれわれ人類は，生物に記憶の扉が存在することを知らされ，かれの手によってそのなかへと導かれたのである．

そのわずか6年後，1865年，メンデルが「植物交雑の実験（Versuche uber Pflanzen-Hybriden）」という論文において，融合説を棄却し粒子説におきかえ，近代遺伝学の基礎となる「遺伝の法則」を提唱した．しかしながら，その後35年間，メンデルの法則は，コレンス，チェルマック，ド・フリースらによって再発見されるまで封印されたままであった．

ダーウィンは自著のなかで「先祖返り」について記述し，メンデリズムの核心に迫っている．同時代を生きながら一度もまみえることのなかった2人の巨人たちの出会いを想像すると，ダーウィンの進化説がさらなる完璧さをまとったであろうことに少しの疑いもない．

さて，物言わぬニワトリたちに対していくら過去を問いただそうとしても，答を引き出すことはできない．しかしながら，かれらの存在そのものが，自然の与えた試練に耐えた結果であり，進化してきたということを婉曲的に語りかけている．したがって，からだのさまざまな機構を精査していくと，祖先との絆をとどめた証拠が豊富に記憶されていることに気づく．時を重ねるごとに刻まれる記憶は，形態学あるいは遺伝学を駆使した生物学的手法により，1つ1つ明かされつなぎ合わせられて，祖先へと溯る道標となるのである．さらに，家畜であるニワトリにおいては，ヒトとのつながりを忘れるわけにはいかず，考古学および文化人類学的観点からの検証も重要となる．

記憶のかたち

現在，ニワトリは約200種ほどの品種が知られている．これらの品種のなかで，白色レグホンといえば鶏冠は単冠，羽装は全身白色，皮膚および脚の色は黄色を示す．この本のカバーに描かれている薩摩鶏は，徳川時代中期から末期にかけて（図3-1），小国（しょうこく）をもとにシャモを交配してつくられ（図3-2，図3-3），赤笹，白笹，太白および総黒の4つの内種がある．それらのなかで，カバーにとりあげたのは赤笹種である．薩摩鶏は中くらいの大きさのマメ冠またはクルミ冠をもち，脚色は総黒が黒で，そのほかの種は黄色を示す．このような外部形態の特徴は，親から子へと確実に伝えられる．一方，白色レグホンは，発育は遅いものの性成熟は早く，優れた産卵能力を示す．これは産卵という点に注目して改良した結果である．また，白色プリマスロックは，大型のニワトリで産卵数は少ないものの肥育性は高く，ブロイラー作出用の雌系統として用いられている（図3-4）．このような生理的特徴も親から子へと伝えられ，品種の特質となっている．以上のような特徴を総称して形質とよぶ．品種内においては，ほぼ同一の形質が維持されており，集団を構成している個体がいくつかの形質を共有し，また，子孫に伝えることができるようになって，はじめて品種が成立するという見方もできる．

家畜の形質は，前述の外部形態などの質的形質と，産卵数および産肉量などの量的形質に大別できる．1つの形質について多くの個体を観察してみると，すべての個体において一定ではなく，そこには程度の差はあれ，ちがいが存在している．このちがいが羽色，脚色などにみられると質的変異，産卵数などに現れると量的変異として扱われる．質的形質における変異は，あるかない，＋か－などのように質的にちがいが明確であり，不連続変異である．また，卵をよく産む，あまり産まないといった量的変異は，数量的な差として判断が可能であり，多い個体から少ない個体，あるいは優れた個体から劣った個体まで，さまざまなものが連続的に観察される連続変異である．

変異を引き起こしている原因には遺伝的な要因と環境的な要因が考えられる．質的形質は少数の遺伝子によって支配されており，その変異は遺伝

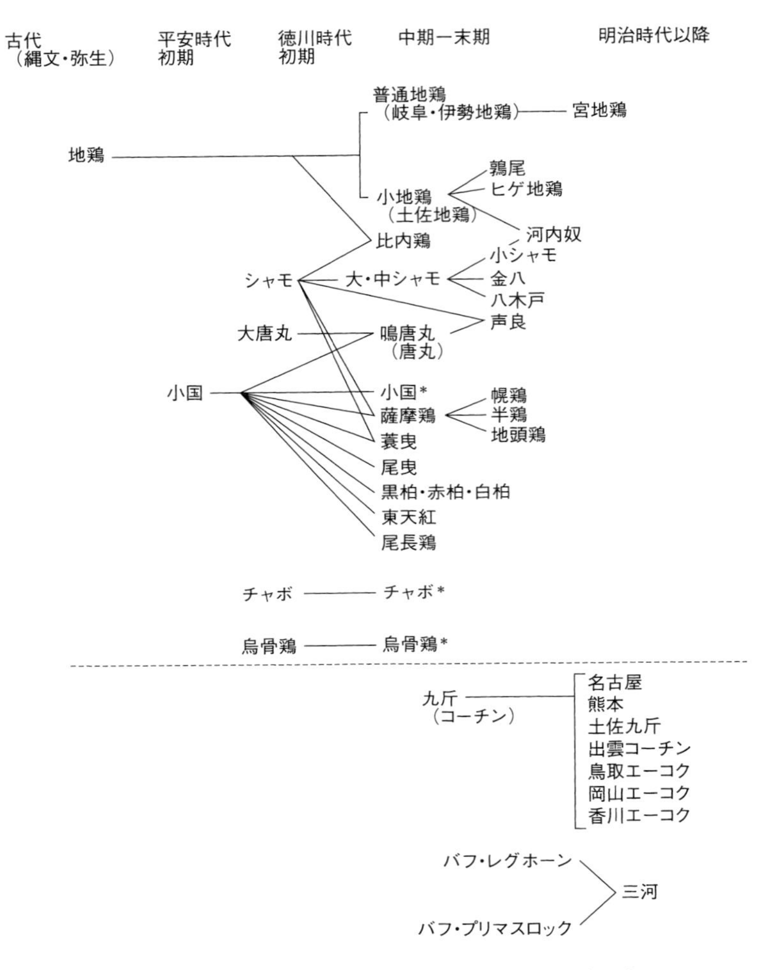

図 3-1 日本鶏の系図（小穴 1951; 藤尾 1972）
読み方は，宮地鶏（みやちどり），鶉尾（うずらお），河内奴（かわちやっこ），比内鶏（ひないどり），金八（きんぱ），八木戸（やきど），声良（こえよし），大唐丸（おおとうまる），唐丸（とうまる），鳴唐丸（なきとうまる），小国（しょうこく），幌鶏（ほろどり），半鶏（はんと），地頭鶏（じとっこ），蓑曳（みのひき），尾曳（おひき），黒柏（くろかしわ），赤柏（あかかしわ），白柏（しろかしわ），東天紅（とうてんこう），尾長鶏（おながどり），烏骨鶏（うこっけい），九斤（くきん），となる．

図 3-2 小国（木下圭司氏撮影）

図 3-3 シャモ（木下圭司氏撮影）

図 3-4 白色プリマスロック

的要因のみに制約を受ける，すなわちメンデルの法則にしたがっている．量的形質も遺伝子によってコントロールされている点では質的形質と基本的に同じであるが，関与している遺伝子の数は多く，結果的に遺伝的要因と環境的要因の両方から支配を受けることになる．

記憶のしくみ

遺伝形質を決定しているのは遺伝子，すなわちDNAである．DNAの発見は1869年，スイス人科学者ミーシャーによってなされたが，当時DNAが遺伝子の本体であると理解されてはいなかった．1944年，アベリィによって形質転換を起こさせる物質はDNAであり，タンパク質ではないことが示され，はじめて遺伝子の科学的性質が明らかにされた．しかしながら，遺伝子の本体がDNAであるという共通の認識を得るためには，ワトソンとクリックが1953年にDNAの二重らせん構造を提唱するまで待たなければならなかった．現在，地球上のすべての生命現象は，DNAによって決められているという考えに疑問を挟む余地はない．

DNAは糖，リン酸および塩基からなる2本の鎖がからまりあう二重らせん構造をとっている．DNAを構成している塩基は4つあり，そのなかからランダムに3つ拾いあげて並べてみると，コドンという生命の設計図の言語ができあがる．コドンの種類は，4×4×4=64あり，3つの設計図終了のコドン（UAA, UAG, UGA）を除く残りの61のコドンで20種類のアミノ酸をコードしている．DNA上の塩基の並びは，コドンという言語として読みこまれることによってアミノ酸の配列を決定し，目的とするタンパク質の完成を指示しているのである．これらの遺伝情報の伝達は，生物体を構成する最小単位である細胞内で行われている．DNAに書かれている遺伝情報は，核内において相補的なmRNAへと転写される．その後，mRNAはプロセッシングを受け，成熟したmRNAとして核膜孔から細胞質へと輸送される．細胞質に存在するリボゾームは，mRNAを発見すると結合し，その情報を解読し，tRNAが運んでくるアミノ酸へと翻訳を行い，タンパク質の完成をめざすのである．生物の形質を構成・決定しているさまざまなタンパク質は，このようにしてつくられている．

記憶を託す

祖先からの記憶は，どのように子孫へと渡されるのであろうか．

遺伝形質を決定している情報はすべてDNAに暗号化されており，DNAは生命の最小単位である細胞のなかに保管されている．バクテリア，藍藻類などの原核生物とよばれる生物は，細胞内に核をもっておらず，環状のDNAがそのまま存在している．一方，それ以外の生物である植物および動物などは真核生物とよばれ，細胞質内にある核のなかにDNAをしまいこんでいる．核のなかで，直径2 nmのDNA鎖は丸いかたちをしたタンパク質であるヒストンにまきつき，ヌクレオソームとなり，ヌクレオソームがいくつか集まりクロマチンという単位をつくっている．さらに，クロマチンが集合して染色体を形成している．生命の源であるDNAは，祖先からの贈りものとして染色体という器のなかにみごとに梱包されているのである．

家畜の配偶子である精子および卵子は，精巣および卵巣においてつくられる．配偶子がつくられる際に起こる細胞分裂は，染色体数の半減をともなうために自己のクローンをつくる体細胞分裂とは異なり，減数分裂あるいは成熟分裂とよばれている．減数分裂は，第一分裂と第二分裂の２回の分裂から構成されており，染色体数の半減が起こるのは前者の分裂である．第一分裂では，相同染色体がたがいに相手に接近し重なることにより，二価染色体となる．染色体間において遺伝子の組換えが起こるのは，このときである．それまで，それぞれまとまって同じ染色体のなかに梱包されていた父親および母親由来の遺伝子は，組換えが起こることにより，親のもっていない新しい組み合わせをつくることになる．すなわち配偶子形成は，遺伝子の新たな組み合わせにより多様性を求め，そのなかに子孫の繁栄の可能性を賭けているのである．さらに，偶然という操作によって再梱包された染色体をたずさえた精子と卵子は，ふたたび偶然の出会いである受精へと二度目の賭けに出るのである．

3.2 形態の記憶

野生型

野生型とは，野生集団においてもっとも普遍的に観察される表現型，またはそのような表現型をもつ系統，生物，遺伝子をさしている．野生型が自然界に見当たらない場合は，形質において基本と考えられる表現型を選んで野生型（正常型）としている．いいかえるなら，野生型とはよくみられるタイプ，あるいはもっともニワトリらしい表現型といえるかもしれない．

ニワトリにおいては，遺伝子記号の右上に＋の肩文字をつけることにより野生型遺伝子であることが示されている（Kimball 1951; Jaap and Hollander 1954; Morejohn 1955）．ニワトリの野生型は，４種ヤケイのなかで赤色ヤケイのもっている表現型を参考にしている．すなわち鶏冠は単冠，羽色は胸部が黒色で背部が赤色の赤笹であり，皮膚は白色，脚色は青である．しかしながら，これまで野生型がニワトリの祖先の表現型であるということを裏づける有力な根拠は示されていない．

鶏冠

外貌のなかでニワトリらしさを表現している形質というと，まず冠が思い浮かぶ．鶏冠はニワトリの表情を豊かに，そしてさまざまに変化させている．一般に雄と雌を比較すると，雄のほうが大きくかたちがはっきりしている．雄ニワトリの精巣を除去すると，冠が小さくなり，その個体に雄性ホルモンを注射すると，ふたたび冠が大きく発達する．このことから，冠の成長には雄性ホルモンが関与していることがうかがえる．

ニワトリの冠には，先に述べたように，主として単冠，クルミ冠，バラ冠およびマメ冠（三枚冠）の4つのタイプが知られている（図2-7参照）．これらの表現型は2対の遺伝子 P, p^{+} および R, r^{+} によって決められている．4種ヤケイの冠をみてみると，色およびかたちにちがいがあるものの

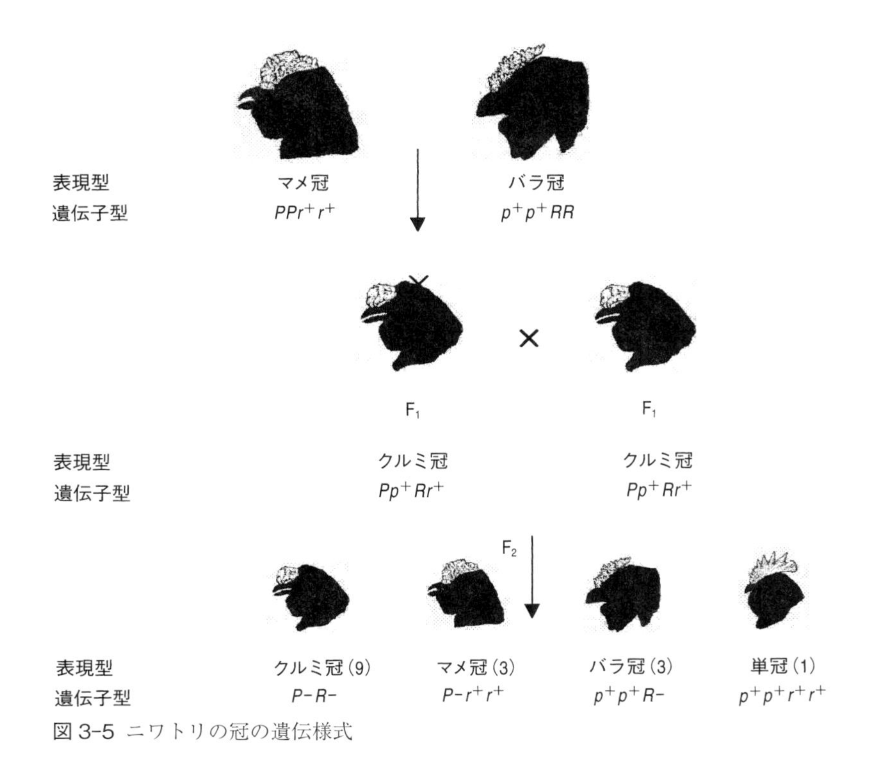

図3-5 ニワトリの冠の遺伝様式

すべて単冠であり，ニワトリの冠はもともと単冠であったことが推察される．

ニワトリの冠を支配しているこれら2対の遺伝子は，遺伝子の作用が対立遺伝子間のみに限らず，異なる遺伝子座にある遺伝子とも相互に影響し合っている例としてとりあげられる（Bateson and Punnett 1905, 1906, 1908）．このことはメンデルの法則に矛盾するとは解釈されず，メンデルの法則を拡張するものとして理解されている．

鶏冠の遺伝子型は，単冠，マメ冠，バラ冠，クルミ冠がそれぞれ $p^+p^+r^+r^+$, $P\text{-}r^+r^+$, $p^+p^+R\text{-}$, $P\text{-}R\text{-}$ を示す．マメ冠は遺伝子 P，またバラ冠は遺伝子 R によって決定される．マメ冠の遺伝子とバラ冠の遺伝子を両方受け継ぐとクルミ冠になり，逆に，どちらも受け継がなかった場合，単冠を発現することになる．クルミ冠という表現型は，異なる遺伝子座上の P と R がともに存在した際に，両遺伝子の協力によってつくられる形質で

図 3-6 烏骨鶏の毛冠

ある．マメ冠（PPr^+r^+）とバラ冠（p^+p^+RR）の個体を交雑すると，雑種第一代（F_1）はすべてクルミ冠（Pp^+Rr^+）となる．F_1どうしの交配により得られる雑種第二代（F_2）では，クルミ冠，マメ冠，バラ冠および単冠が9：3：3：1の割合で分離することになる（図3-5）．

ニワトリの冠に関与している遺伝子としては，このほかに重複冠（*D*），無冠（*bd*），ラッグ冠（He^+）および毛冠（*Cr*）などがある（Bateson and Punnett 1908; Punnett 1923）．重複冠は二重になった形状を示す．無冠の遺伝子がホモ型になると，雄では小さな乳頭状の突起が2個観察され，雌においては冠がまったく観察されなくなる．ラッグ冠遺伝子は，単冠およびバラ冠において突起を多くするように働き，その対立遺伝子である *he* は逆に突起を少なくし，ホモ型ではいわゆるスムース冠となる．烏骨鶏の頭部にみられる冠状の羽毛は毛冠である（図3-6）．

羽色

ニワトリの羽色には，白色，黒色，褐色，黄褐色（バフ色）などの単色のものから，横斑，コロンビア斑などの斑紋があるものなど，さまざまなタイプが観察される．また，愛玩鶏においては，赤笹，白笹，太白，白藤，碁石などといった独特の呼び名を与えられている品種もいる．

ニワトリのからだの色を表現しているおもな色素は，メラニンおよびカロチノイドである．メラニンは羽色および皮膚の色のもととなっており，一方，カロチノイドのなかではとくにキサントフィルが黄色の皮膚，さらには体脂肪，卵黄の色に関与している．メラニンはチロシンからつくられ，ユウメラニンとフェオメラニンの2つが存在している．ユウメラニンは羽，眼，皮膚などの黒および青色のもととなっており（Kimball 1953），フェオメラニンは羽の褐色系色素として働いている（Smyth *et al.* 1951; Prota 1980）．黒から赤，黄色などといった色合いの変化は，ユウメラニンとフェオメラニンの微妙な割合によって表現されるのである．卵黄，体脂肪，皮膚，脚および嘴の黄色はキサントフィルによるものである（Lucas and Stettenheim 1972）．キサントフィルは，ニワトリの体内で合成されるものではなく，飼料であるトウモロコシやアルファルファより供給される色素である．そのほかには，眼や皮膚において血液の色がそのまま現れて赤い場合もある．

（1）白い羽

ニワトリの羽の色には，白色とそれ以外の着色されたさまざまなものが観察される．白い羽色をもつニワトリは，優性白と劣性白の2つに分けられる．ブロイラーなど肉生産が目的となるニワトリにおいて，白い羽であることはとくに重要な形質である．なぜなら，羽を抜いたあと，メラニンが皮膚に残らずきれいにみえるからである．

優性白個体は1902年に報告され（Bateson 1902），その後遺伝子はIと決定された（Hurst 1905）．Iはメラニンのなかでとくにユウメラニンに対して上位性効果をもち，黒色の発現を完全に抑えてしまう．ニワトリがカラフルな羽色をもつためには，まずメラニン生産に関与している有色遺伝子C^+の存在が欠かせない．しかしながら，その個体が同時にI遺伝子もあわせもつと，Iが非対立関係にあるC^+の作用を抑えてしまうために，白い羽装となってしまうのである．これが上位性効果であり，Iは抑制遺伝子とよばれる．一方，I遺伝子は褐色に対しては不完全優性である．Iの対立遺伝子は野生型のi^+である．さらに，この座位に新たにI^D遺伝子がつけ加えられた（Ziehl and Hollander 1987）．I^DはIと同様にユウメラニンに対して抑制する働きがあり，その優劣関係は明らかではないが，$I > I^D > i^+$と考えられている．

劣性白により羽色が白を示すニワトリは，有色遺伝子C^+をもたず，cc劣性ホモ型の支配を受けた結果である（Bateson and Punnett 1906; Hutt 1949）．この座位には，ほかにc^{re}およびc^a遺伝子が知られており，前者は赤眼白，後者は劣性アルビノとよばれている（Smyth *et al.* 1986）．これらの遺伝子の優劣関係は，$C^+ > c > c^{re} > c^a$となっており，野生型であるC^+が完全優性を示す．c, c^{re}, c^aをホモで保有した際，三者はすべて白色を示すことになるが，その区別は容易である．すなわち劣性白，赤眼白および劣性アルビノの眼の色は異なり，それぞれ有色，濃い赤およびピンクを呈している．

しかし，白い羽を示す個体の眼が有色であった場合，その羽色が優性白によるものなのか，あるいは劣性白によるものなのか，判別は困難である．

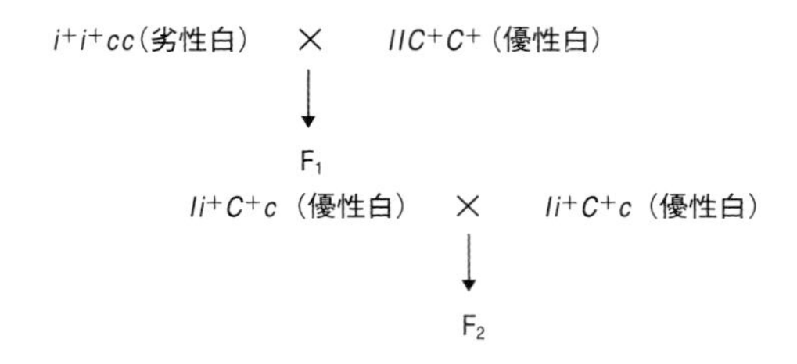

配偶子	IC^+	Ic	i^+C^+	i^+c
IC^+	IIC^+C^+	IIC^+c	$Ii^+C^+C^+$	Ii^+C^+c
Ic	IIC^+c	$IIcc$	Ii^+C^+c	Ii^+cc
i^+C^+	$Ii^+C^+C^+$	Ii^+C^+c	$i^+i^+C^+C^+$	$i^+i^+C^+c$
i^+c	Ii^+C^+c	Ii^+cc	$i^+i^+C^+c$	i^+i^+cc

… 優性白（12）
… 劣性白（1）
… 有色（3）

図 3-7 劣性白（i^+i^+cc）×優性白（IIC^+C^+）より得られる子孫たち

一般にI遺伝子の発現する白色羽は，ccに比較して鮮やかであるといわれている．たとえば，白色レグホンの白い羽色は優性白によるものであり，そのほかの有色な眼をもつニワトリにおける白色は劣性白と考えられる．白色ロックにおいては，I遺伝子を導入した白色羽装を示す系統もつくられている．また，劣性白どうしによる交配において生産されるニワトリはすべて白色羽装となるが，劣性白（i^+i^+cc）と優性白（IIC^+C^+）を交配すると，F_2世代では図 3-7 に示すように，16 分の 3 の割合で有色個体が得られる．

（2）有色な羽

羽色が白色でないニワトリたちにおいては，まず$i^+i^+C^+$- という 2 つの座位の遺伝子型が決定できる．つまり，さまざまな羽色を発現しているニワトリたちにおいては，抑制遺伝子は劣性ホモ型で，さらに有色遺伝子を必ず１つ以上もっている．この遺伝子型において，着色遺伝子の発現が可能となるのである．

黒色メラニン，すなわちユウメラニンの発現をおもに調節しているのは，E 座位の遺伝子群で E シリーズとよばれる（Morejohn 1955; Brumbaugh and Hollander 1965; Smyth and Somes 1965; Smyth 1970）．この座位には E, E^{r}, e^{wh}, e^{+}, e^{b}, e^{s}, e^{bc}, e^{y} の８つの対立遺伝子があり，その優劣関係は $E>E^{r}>e^{wh}>e^{+}>e^{b}>e^{s}>e^{bc}>e^{y}$ となっている．羽装全体が黒色を呈する黒色ミノルカは E 遺伝子が発現した結果であり，黒色がからだ全体に広がることから黒色拡張遺伝子といわれている．また，ほかの対立遺伝子に対してほぼ完全優性を示す．E を除くほかの７つの遺伝子は，それぞれかば色（E^{r}; birchen），優性コムギ色（e^{wh}; dominant wheaten），野生型（e^{+}; wild type），褐色（e^{b}; brown），頭部斑紋（e^{s}; speckled），バターカップ（e^{bc}; buttercup），劣性コムギ色（e^{y}; recessive wheaten）とよばれ，表3-1のような羽色となる（Cock and Pease 1951; Kimball 1952, 1960; Morejohn 1953, 1955; Brumbaugh and Hollander 1965）．

表 3-1 羽色と遺伝子型

羽色	遺伝子型（優性白・着色・横斑・銀色・黒色）	おもにみられる鶏種
白色（優性白）	$II\cdots\cdots$	白色レグホン
白色であるが黒横斑が少しみられる	$Ii^{+}C^{+}\text{-}B\cdots E\text{-}$	
白色（劣性白）	$i^{+}i^{+}cc\cdots\cdots$	白色ロック（劣性白）
黒白横斑	$i^{+}i^{+}C^{+}\text{-}B\text{-}S\text{-}E\text{-}$	横斑プリマスロック
黒白横斑で赤色が混じる（赤刺毛）	$i^{+}i^{+}C^{+}\text{-}B\text{-}s^{+}s^{+}E\text{-}$	
赤白横斑	$i^{+}i^{+}C^{+}\text{-}B\text{-}s^{+}s^{+}e^{+}e^{+}$	
白色で頸羽と尾羽に黒白横斑	$i^{+}i^{+}C^{+}\text{-}B\text{-}S\text{-}e^{+}e^{+}$	
頸羽および尾羽以外で赤，黄の色素形成がほとんど抑えられ白色となり，頸羽と尾羽に白で囲まれた黒斑が出現（コロンビア型）	$i^{+}i^{+}C^{+}\text{-}b^{+}b^{+}S\text{-}e^{+}e^{+}$	ブラーマ，ライトサセックス，ワイアンドット，カツラチャボ
黒白斑で赤色が混じる（赤刺毛）	$i^{+}i^{+}C^{+}\text{-}b^{+}b^{+}s^{+}s^{+}E\text{-}$	
黒色	$i^{+}i^{+}C^{+}\text{-}b^{+}b^{+}\cdots E\text{-}$	黒白ミノルカ，オートピン，オーストラロープ
赤と黒の混ざったもの（赤笹），赤褐色，黄色	$i^{+}i^{+}C^{+}\text{-}b^{+}b^{+}s^{+}s^{+}e^{+}e^{+}$	セキショクヤケイ，シャモ，ロードアイランドレッド，名古屋種

頸羽，翼羽および尾羽の先端が黒くなるとコロンビア斑（*Co*）とよばれ（Smyth and Somes 1965），斑紋の発現部位は*E*座位の遺伝子によって変化する．たとえば，e^{b}が存在すると頸羽，翼羽および尾羽の先端が黒くなる古典コロンビア斑（ライトサセックス型）を発現する（Malone and Smith 1975）．また，e^{wh}およびe^{y}遺伝子は，翼羽および尾羽の先端を黒くするニューハンプシャー型コロンビア斑を発現する．

バフミノルカにおいて，マホガニー（*Mh*）遺伝子が知られている（Brumbaugh and Hollander 1966）．*Mh*は胸部，背部および翼部におけるユウメラニンの量を制限している遺伝子である．

羽色に黒帯と白帯が交互に入る横斑プリマスロックの横斑は，Z染色体上にある*B*遺伝子によって支配されている（Spillman 1908; Munro 1946）．伴性遺伝であるため，雄においては3つの遺伝子型，雌においては2つの遺伝子型に分けられる（Cock 1953）．横斑の発現程度は遺伝子型によって異なり，*BB*の雄は，同じ横斑を示すBb^{+}の雄および*B*–の雌よりも白色の部分が多く，横斑の模様がきわだってみえる．さらに，*B*遺伝子は*E*遺伝子に対して上位性効果をもつことが知られている．また，伴性遺伝することを利用して，初生雛の性判別の有効なマーカーとして用いられている（Silverudd 1974）．

*S*座位の遺伝子は，褐色色素のもととなるフェオメラニンの調節をしている．*S*座位には*S*, s^{+}（Sturtevant 1912）およびs^{al}（Werret *et al.* 1959）があり，伴性遺伝をしている．銀色遺伝子*S*は褐色を抑制し，白笹色となる．金色遺伝子s^{+}は*S*に対し劣性で褐色を発現し，赤笹色や名古屋種のバフ色となる．一方，s^{al}は前二者に対し劣性で，眼が赤く羽色は白，ピンクまたは灰色の伴性アルビノである．

ブルーアンダルシアンやブルーオーピントンの羽色にみられるブルースレート色（藍灰色）は，青色遺伝子*Bl*によるものである（Lippincott 1918）．ホモ型の*BlBl*は全体として白っぽく灰色の細斑があり，ヘテロ型の$Blbl^{+}$は灰色である．

羽性

ニワトリの羽性，すなわち羽の生え方に関連する遺伝子は，性染色体および常染色体上に存在するものが知られている．

横斑プリマスロックの雛は，孵化後約15日目ごろから尾羽の出現がみられる．また，白色レグホンにおいてはそれより早く，孵化後5-7日目より確認される．両者の羽性のちがいは，伴性遺伝子Kによって決められる（Serebrovsky 1922）．雛の羽の生えそろうのが遅い横斑プリマスロックは，遅羽性遺伝子Kをもっている．一方，白色レグホンの羽性の発現は，その劣性対立関係にある速羽性遺伝子k^+によってコントロールされることになる．

さらに，常染色体に座位している複対立遺伝子T^+, t^s, tも，羽性の発現にかかわっている（Warren 1933）．これらの対立遺伝子には$T^+ > t^s > t$という優劣関係があり，t^sおよびt遺伝子が遅羽性遺伝子と共存すると，6-12週齢ごろまで背部に羽がみられない裸背となる．また，速羽性遺伝子型（k^+k^+）を受け継いだ雛を孵化時に観察すると，Tタイプの雛は主翼羽が6枚以上，t^st^sおよびt^stタイプの雛は主翼羽は6枚あるが，副翼羽は3枚，ttタイプの雛は主翼羽6枚で副翼羽がまったくないというちがいがみられる．

皮膚と脚の色

ニワトリの羽をめくってその皮膚の色を確かめてみると，白色のものと黄色のものに大別できる．また，そのほか烏骨鶏などにみられる黒い皮膚をもつものがいる．脚色は白，黄，青，緑から黒までバラエティに富んでおり，いくつかの遺伝子が複雑に関与していることが想像できる．

ニワトリのからだは，羽を除くと外側から表皮，真皮および皮下組織の順に覆われている．皮膚および脚の色のもとになっている色素は，キサントフィルとメラニンの2つである．これらの色素が表皮あるいは真皮に存在するか否かによって，さまざまな色が表現されることになる．

（1）皮膚の色

キサントフィルは飼料から摂取される色素である．ニワトリには皮膚にこのキサントフィルを蓄積しないものとよく蓄積するものがいる．これは1対の常染色体上の遺伝子によって決定されていることが知られている（Bateson 1902）．前者は優性遺伝子 W^+ により支配され，白色の皮膚を示す．また，後者はその対立遺伝子 w をホモ型でもっている個体であり，皮膚は黄色となる．セキショクヤケイの皮膚が白色であることから，白色がニワトリの皮膚の野生型と考えられている．烏骨鶏は W^+ 遺伝子をもっており，本来白色の皮膚であるはずが，同時に真皮，筋肉など多くの組織に大量のメラニン色素をもっているために，その黒い色が表皮をとおしてみえることにより，黒い皮膚となるのである．

ニワトリにおいて皮膚が白色であるか黄色なのかは，10–12週齢にならないと正確には判定できない．これは，W^+ 遺伝子をもつニワトリの皮膚が若干の黄色を12週齢ごろまで示し，一方，ww 個体においては，孵化後キサントフィルの蓄積に時間を要するからである．

（2）脚色

真皮および表皮におけるメラニン色素の有無も遺伝子によって決定される（Knox 1935; Sturkie *et al.* 1937）．野生型とされている id^+ 遺伝子は，真皮にメラニン色素をふくむように働き，対立遺伝子である Id はその逆に働くことから真皮性メラニン沈着抑制遺伝子とよばれ，伴性遺伝している．表皮性メラニンを調節している遺伝子は，羽において黒色を決定しているのと同じ E および e^+ である．

脚色の決定は複雑であり，キサントフィル，真皮性メラニンおよび表皮性メラニンの3つの組み合わせによって表現されている．ニワトリの後肢は下腿（かたい），中足（ちゅうそく），趾（あしゆび）と分けられ，通常脚色という用語は中足の色をさしている．中足に続く趾は表を背足（はいそく），地面と接する部分すなわち裏を底足（ていそく）とよんでいる．背足の色は中足と変わることはないが，よく観察すると底足は中足および背足と異なる色を発現していることに気づくことがある．これは底足の色の決定が前二者とは異なり，おもにキサントフィルの有無にかかわる W^+ および w 遺伝子のみによって支配されているからである．

表 3-2 ニワトリの脚色（中足と趾）（Smyth 1990 より改変）

各部位を支配する遺伝子			遺伝子型	表現型		
皮膚	真皮	表皮		中足	背足	底足
W^+	Id	E	$W^+W^+IdIdEE$	黒-灰	黒-灰	白
		e^+	$W^+W^+IdIde^+e^+$	白	白	白
	id^+	E	$W^+W^+id^+id^+EE$	黒	黒	白
		e^+	$W^+W^+id^+id^+e^+e^+$	青	青	白
w	Id	E	$wwIdIdEE$	黒-灰	黒-灰	黄
		e^+	$wwIdIde^+e^+$	黄	黄	黄
	id^+	E	$wwid^+id^+EE$	黒	黒	黄
		e^+	$wwid^+id^+e^+e^+$	緑	緑	黄

脚色および趾の色のパターンを遺伝子型で表 3-2 に分類した．遺伝子型 $ww/IdId/e^+e^+$ をもつニワトリは，w により皮膚にキサントフィルが蓄積し，Id により真皮のメラニン沈着が抑制を受け，e^+ により表皮のメラニンは部分的にしか発現しないために，色素は主としてキサントフィルだけが働き，皮膚，脚および趾すべて黄色となる．白色レグホンはこの遺伝子型をもっていると考えられる．また，白色レグホンの雌が産卵を続けるようになると，黄色素のもとであるキサントフィルは卵黄のほうへと集中するために，脚色はしだいに薄くなり，褪色していくのが観察される．これは白色レグホンにおける駄鶏（だけい）（産卵のよくないニワトリ）としての判断基準の1つとなっており，いつまでも黄色い脚色のニワトリは，集団から除去されることにより集団の産卵性が保たれることになる．

名古屋種は灰白色の皮膚，青色の脚と背足および白い底足をもっており，その遺伝子型は $W^+W^+/id^+id^+/e^+e^+$ と推定される．すなわち皮膚，脚および背足においては W^+ 遺伝子により白くなり，さらに id 遺伝子の効果で真皮にメラニンをふくむため，それぞれ灰白色あるいは鉛色となる．たとえば，e^+ 遺伝子が E 遺伝子におきかわったとすると，皮下中のメラニンの量は増加し，黒色の脚となる．一方，底足においては W^+ 遺伝子により白くなっているのである．

3. 3 闇からの記憶

中立な記憶

長尾鶏(ながおどり)は高知県の原産で尾長鶏(おながどり)ともよばれ，長尾性のある小国から改良されたものである（図 3-8）．雄の尾羽はきわめて長く，12 m にも達するものがいる．長尾鶏の愛好家たちは，「とめ箱」という箱のなかでこのニワトリを飼い，尾部の羽がすり切れないように細心の注意を払っている．長尾鶏はわが国独自のニワトリであり，尾の長さについての長年の選抜によってつくられた品種である．

チャボは，雄の成体重が 600 g，雌で 450 g ときわめて軽く，たいへん愛らしいニワトリである（図 3-9）．このニワトリは江戸時代初期にタイより輸入され，愛玩用としてさかんに改良を受けて，今日ではいろいろな羽色をもつものがつくられた．白色種，黒色種，浅黄(あさぎ)種，桂(かつら)種，赤笹種，碁石種など内種とよばれる仲間が多いのも，このニワトリの特徴である．

美声で時を知らせることから，ヒトにその声を見込まれたのが東天紅(とうてんこう)，唐丸(とうまる)，声良(こえよし)などである（図 3-10）．また，体質強健で闘争心の強さを好まれ，闘うためにむだのない体型をもつように改良されたのが，シャモ（軍鶏）などに代表されるゲームタイプとよばれるニワトリたちである（図 3-11）．このような特性をもつさまざまな品種は，ヒトの嗜好性やある目的のためにつくられたニワトリである．このように，かれらの成立には形質のなかでもとくに外貌が深くかかわっていることは明らかであり，それらがヒトの好み，すなわち人為選抜を受けやすい形質であるといえる．祖先から渡された多くの「記憶」のなかで，これらの形質はわれわれヒトによって操作されやすい記憶とよべるかもしれない．

一方，これらの形質とは異なり，ヒトの関心から離れ，あるいはその存在が新しく確認されたこともあって，ヒトの求めるものとの因果関係が明確にされず，ほとんど人為的な影響を受けなかった記憶がある．ニワトリの受け継いだ記憶の多くは，このような人為淘汰に対して中立であるといえる．ここでは，そのようなヒトが直接触れることのできなかったいくつかの記憶についてみていこう．

図 3-8 長尾鶏

図 3-9 桂チャボ（木下圭司氏撮影）

図 3-10 東天紅（木下圭司氏撮影）

図 3-11 ゲームタイプのニワトリ（スリランカの農家にて）

血液型

一般に，血液型というと赤血球のタイプを意味する．近年，白血球および血清タンパク質にもいくつかのタイプが存在することが報告され，血液中にふくまれる物質の型をすべてふくめて血液型とする場合もある．脊椎動物の血液は体内を循環する体液であり，赤血球，白血球および血小板などの有形成分とそれらを浮遊させている液体成分である血漿から構成されている．また，血漿からフィブリノーゲンを除いた成分を血清とよんでいる．

赤血球の細胞膜にふくまれる凝集原は，異なる個体の血液と混合されると，その血清中の凝集素と反応して凝集する場合がある．凝集反応は自分以外のすべての個体に対して起こるのではなく，一定の組み合わせにおいて観察される．この現象から赤血球すなわち血液をタイピングすることが可能となり，その分類されたグループを血液型としている．ヒトにおいてABO 式，Rh 式および MN 式などといった血液型があるのと同様に，家

表 3-3 ニワトリの血液型システム（岡田 1991 より作成）

システム	対立遺伝子数	連鎖関係
A[1)]	多数	E, J
B[1)]	多数	
C[1)]	多数	P，毛冠，優性
D	多数	白
E	多数	H
H	3	A
I	5	D
J	2	
K[2)]	3	A
L	2	
P	多数	
R[3)]	2	C

1)：白血球にも存在する，2)：ワクシニアウイルスに対する凝集性がある，3)：ラウス肉腫ウイルスレセプター．

畜もさまざまな血液型をもっている．ニワトリにおいても多くの血液型システムが報告されている（表 3-3）．血液型判定は凝集あるいは溶血反応によって行われるが，そのためには血液型を検出する抗体が必要となる．抗体によって，それぞれの赤血球がもっている抗原のタイプが視覚化されるわけである．抗体は，血液型の異なる 2 個体間において，相互に免疫を行うことによりつくられ，相手側に自分のもっている血球抗原に対応した抗体が生産される．

ニワトリの血液型を支配している遺伝子座は多く，また，それぞれの遺伝子座は非常に多数の複対立遺伝子から構成され，血液型抗原は共優性形質として受け継がれている．現在行われているニワトリの血液型の分類では，確認されている血液型システムは 12 である（Briles *et al.* 1950）．このうち 30 以上の対立遺伝子があるとされる B システムは，もっとも複雑な血液型であると同時に，さまざまな研究の標識遺伝子として用いられている．B システムと経済形質の関連については，生産性，繁殖性などの形質にかかわっていることが示された（Briles 1960; Gilmour 1960; Nordskog 1964）．とくに，産卵率と卵重において，B システムのなかで B^4 が高い値を示すことが明らかにされた（Okada *et al.* 1966）．さらに，B システムの血液型において，ホモ個体よりヘテロ個体のほうが自然淘汰や人為選抜に対して適応性が高いということが指摘された（Okada and Matsumoto 1962）.

タンパク質型

ニワトリの体液，臓器および筋肉あるいは卵黄，卵白にはいろいろなタンパク質がふくまれている．これらのタンパク質は，デンプン，寒天およびポリアクリルアミドなどのゲルを支持体とする電気泳動法によって検出することができる．また，検出されるタンパク質の多型は，主としてそれらを構成しているアミノ酸配列のちがいを反映しており，さらにはアミノ酸を決定しているDNAの塩基配列のちがいに起因するものである．電気泳動によって現れる移動度のちがうバンド，すなわち多型は，ほとんどにおいてそれぞれ異なる遺伝子の支配を受けているといえる．しかしながら，多型として観察されるバンドはすべてが遺伝子に起因するというわけではなく，タンパク質が2種類以上のポリペプチド鎖からなるときにできるハイブリッドバンド，タンパク質へのシリアル酸の付着などもふくまれている．

これまでに報告されているニワトリのタンパク質型については，ニワトリが研究対象として選びやすいこともあり，血液をはじめ肝臓，筋肉，さらには生産物である卵黄および卵白まで調べられている．タンパク質多型については優れた総説がある（Grunder 1990）．ここではそれを参考に血液タンパク質をとりあげ，表3-4に示した．

ニワトリの血液タンパク質においては，多くの多型が報告されている．とくに$Es\text{-}1^D$（Watanabe 1982; 橋口ほか 1983）およびAlb^D（橋口ほか 1981; 岡田ほか 1984）は，ヤケイのなかではアオエリヤケイにしか検出されていない．また，$Amy\text{-}1^C$はセキショクヤケイおよびアオエリヤケイがもつ変異であることが報告されている（橋口ほか 1983）．このような結果は，アオエリヤケイがほかのヤケイおよびニワトリとは異なる血液タンパク質型の遺伝子構成をもつことを示唆している．$Es\text{-}1^C$は小シャモおよびチャボなど小型の品種で高い頻度を示すことが報告されており，$Es\text{-}1^C$が小格化となんらかの関連性を有していることがうかがえる（田名部ほか 1977; 橋口ほか 1981; 岡田ほか 1984）．沖縄の在来種といわれ

表 3-4 ニワトリの血液タンパク質多型（Grunder 1990）

座　位	対立遺伝子	文　献
Prealbumin-2	$Pa\text{-}2^{A,B}$	Tanabe and Ogawa（1980）
Prealbumin-1	$Pa\text{-}1^{A,B}$	Stratil（1970）
Albumin	$Alb^{F,S,C,CI,D}$	Stratil（1968a）, Baker *et al.*（1970）, Hashiguchi *et al.*（1981）
Postalbumin-A	*Pas-A, pas-A*	Kuryl and Gasparska（1976）
Pretransferrin	$Prt^{+,-}$	Juneja *et al.*（1982）
Transferrin	$Tf^{A,B,BW,C}$	Ogden *et al.*（1962）, Stratil（1968b）
Vitamin D binding protein	$Gc^{F,S}$	Juneja *et al.*（1982）
Haptoglobin	$Hp^{S,F}$	Shabalina（1977）
Complement factor B	$C\text{-}B^{F,S}$	Koch（1986）
Hemoglobin	$Hb1^{A,B}$	Washburn（1968）
Low density lipoprotein	$Lcb^{1,2,0}$	Pesti *et al.*（1981）
High density lipoprotein	$Lp\text{-}1^{a,o}$	Ivanyi（1975）
Adenosine deaminae	$Ada^{A,B,C}$	Shotake *et al.*（1976）, Grunder and Hollands（1978）
Alkaline phosphatase	*Akp, akp*	Law and Munro（1965）, Law（1967）
Alkaline phosphatase-2	$Akp\text{-}2^{o}$, $akp\text{-}2^{a}$	Kimura *et al.*（1979）
Amylase-1	$Amy\text{-}1^{A,B,C,D}$	Hashiguchi *et al.*（1970），田名部ほか（1977），橋口ほか（1986）
Amylase-3	$Amy\text{-}3^{A,O}$	Maeda *et al.*（1987）
Carbonic anhydrase	$Ca\text{-}1^{A,B,C}$	Ahlawat *et al.*（1984）
Catalase	$Ct^{A,B}$	Shabalina（1972）
Esterase-1	$Es\text{-}1^{A1,A2,B,C,D}$	Grunder（1968）, Kuryl *et al.*（1986）, Hashiguchi *et al.*（1986）
Esterase-2	$Es\text{-}2^{A,O}$	Kimura（1970）
Esterase-8	$Es\text{-}8^{A,B}$	Hashiguchi *et al.*（1979）
Glyoxalase-1	$Glo^{1,2}$	Rubinstein *et al.*（1981）
6-phosphogluconate dehydrogenase	$Pgd^{A,B,C}$	Shotake *et al.*（1976）
Phosphoglycerate kinase	$Pgk^{F,S}$	Cam and Cooper（1978）

るウタイチャーンにおいて，日本鶏にはない Alb^{A} が検出され，また，岐阜地鶏においては，日本鶏では一般に低い $Amy\text{-}1^{B}$ が高いことが明らかにされた（田名部ほか 1988）．

しかし，同一品種でありながら，研究者によりその結果が必ずしも一致しない場合がある．この点については，標本数が少ないことによる抽出変動，および地域または系統による分化が生じている可能性が指摘されている（岡田ほか 1988）．

核型

核型とは，染色体の数と形態によって表される生物種の特徴である．同一種であれば一般に同じ核型，すなわち核型を構成している染色体の数と形態が安定している．一方，染色体は遺伝子の担い手とよばれるように，親からの遺伝情報が効率よくまとめられた構造体であり，遺伝子を忠実に次世代へと伝える役目を果たしている．染色体にふくまれる遺伝子の質および量は種特有のもので，これは世代を越えて綿々と受け継がれる核型に隠された特性である．

染色体は動原体の位置により，基本的に4つのタイプに分類される（図3-12）．動原体の位置は染色体において一定不変のものであり，分裂を繰り返しても変わることはなく，染色体の形態を決定づけている．動原体を境に染色体は2つの部分に分けられ，長いほうを長腕，短いほうを短腕としている．短腕に対する長腕の長さの比は腕比とよばれ，腕比が1に近づくほど，動原体が染色体のちょうど真ん中に位置することになる．表3-5に示すように，染色体は腕比の値にもとづき分類されている（Levan *et al.* 1964）．

鳥類の染色体についてその数をながめてみると，$2n=60$–80を示すものが多く，また，その核型は少数の大型染色体群と，残りの大部分は個々の

図3-12 染色体の分類

表 3-5 腕比による染色体の分類（Levan *et al.* 1964）

染色体のタイプ	腕比（長腕/短腕）
中部動原体型	1.0-1.7
次中部動原体型	1.7-3.0
次端部動原体型	3.0-7.0
端部動原体型	7.0-∞

識別が困難な微小染色体群より構成されている．さらに性染色体は，哺乳類の雄ヘテロ（XY）雌ホモ（XX）とは異なり，雄がホモ型，雌がヘテロ型を示し，そのためX, Yは用いられずZとWで表現される．すなわちZ染色体を2本もつものが雄，Z染色体とW染色体をそれぞれ1本ずつもつものが雌である．したがって，結果的に鳥類の受精時における性の決定権は，雌側に委ねられることになる．

ニワトリの染色体数は$2n=78$であり，雄が78 ZZ，雌が78 ZWを示す（図3-13）．78本の染色体は，10対程度の大型染色体と残りの29対の微小染色体より構成されている．ニワトリの大型染色体の形態は4つのタイプに分けられる（表3-6）．一方，微小染色体は非常に小さく，個々の同定は困難であるが，おそらく端部動原体型であろうと考えられている．Z染色体はNo. 4染色体とほぼ同じ大きさであるが，形態がまったく異なるので，その同定は比較的行いやすい．W染色体は大型染色体群のなかでもかなり小さく，また，No. 8染色体と大きさおよび形態ともに類似しているために，ギムザ染色のみによる識別は容易でない．しかしながら，C-分染法を用いると，Wは全体が濃染されるのに対し，No. 8においては，C-バンドが動原体部位にスポットとして出現するので，確実に分類が行える．

染色体を標識とした研究のうえでもっとも重要なことは，各々の動物種において，その個々の染色体対の詳細な同定識別にもとづく標準核型（standard karyotype）を明らかにすることである．標準核型が設定されると，染色体を標識として先天性異常や疾病と染色体異常，性染色体の異常と性分化，あるいは遺伝子地図など広範囲な研究への扉が開かれることになる．ニワトリおよびほかの家禽をふくむ鳥類の染色体数は，ほとんどが60-80のあいだに分布しており，このことは鳥類が穏やかな進化を経て

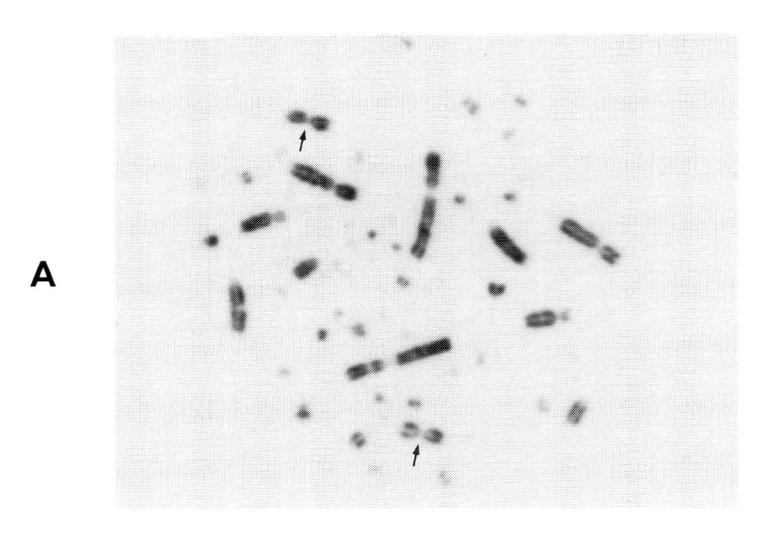

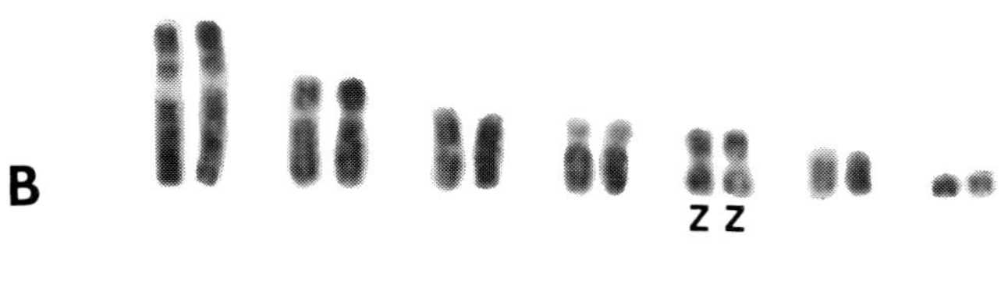

図 3-13 ニワトリ核型（雄）
A：中期像（矢印は性染色体），B：大型染色体群．

表 3-6 ニワトリの染色体

染色体 No.	形　態
1, 2	次中部動原体型
3	端部動原体型
4	次端部動原体型
5, 6, 7, 9	端部動原体型
8, Z, W	中部動原体型
10-38	端部動原体型

きたことを想像させる．*Gallus* 属にふくまれる4種ヤケイおよびニワトリについてみると，その染色体数はすべて同じである．しかしながら，No.3染色体の形態のちがいが指摘されている（岡本ほか 1991）．アオエリヤケイがほかの3種ヤケイおよびニワトリと形態の異なるNo.3染色体をもっていることは，ニワトリの成立を考察するうえで非常に興味深い点であることにまちがいはなく，その1つの推測を第1章において紹介したが，今後さらなる解析が待たれるところである．

DNA

タンパク質は動物のからだをつくっている基本物質であり，さらに体内においては酵素として生命現象に深くかかわっている．タンパク質は遺伝子の産物であり，動物のもっているタンパク質のちがいを明らかにすることにより，われわれは動物の受け継いでいるおおよその遺伝情報を手にすることができる．つまり，タンパク質を解析することは，遺伝子すなわちDNA を完全に解読することではなく，間接的に遺伝的変異の情報を得ることである．

一方，1970年代後半からはじまったDNAそのものをターゲットとした分子生物学者たちの研究成果は，それまで遺伝子の産物である動物の遺伝形質にしかたよる術をもたなかった分野に，正確かつ莫大な遺伝情報を提供することになった．たとえば，タンパク質を構成している20種のアミノ酸は，それぞれDNA上では3つの塩基によってコードされている．すなわち，1つのアミノ酸の情報はDNA情報として単純に展開してみると3倍の量となり，さらにアミノ酸の並びの膨大な組み合わせによってつくられている多種多様なタンパク質について同様に考えていくと，その情報ははかり知れない量となる．

生物の進化にかかわる遺伝情報を得るためのDNA解析技術は，大きく2つに分けられる．1つは塩基配列の変化を部分的に検索し，それをDNAパターンとしてとらえる方法，さらに，2番目は塩基配列そのものを解読する方法である．制限酵素断片長多型（restriction fragment length polymorphism; RFLP）は前者を代表する技術であり，塩基配列のなかに認識サイトが存在すると，制限酵素によりその部分が切断される

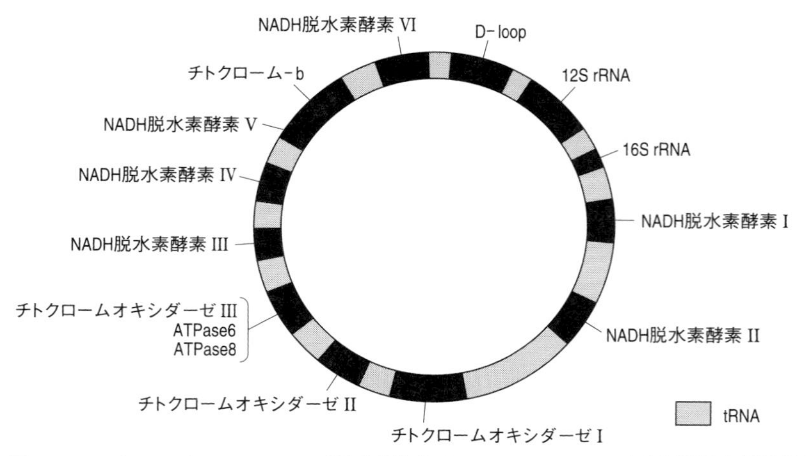

図 3-14 ミトコンドリア DNA の遺伝子構成（Valverde *et al.* 1994 より河邊弘太郎氏が作成）

ことになる．すなわち，個体のもつ DNA が認識サイトの有無によりさまざまに断片化され，特徴的なパターンを示し，同一の DNA をもつ 2 個体において断片パターンは完全に一致することになる．一方，後者においてはミトコンドリア DNA の分析があげられる．ミトコンドリア DNA は真核細胞のなかでもっともくわしく調べられているゲノムであり，ニワトリにおいても完全な塩基配列および遺伝子構成が明らかにされている（図 3-14）．

3.4 記憶をつなぐ

形態からの情報

本章では，「記憶」という言葉にニワトリのさまざまな形質を託して論じてきた．さて，ここからはニワトリのもつ形質という単語を組み合わせながら“ニワトリの系統分化”について綴ってみたい．

ニワトリの系統分化を形態学的に論じようとする際，われわれが収集できるデータは，生体および骨格を対象とした計測値および冠形，羽色，羽装，脚色など外皮に属する形質である．これらは，すべて実際に生体あるいは標本を目前にして得られるフィールドデータであり，さらに統計遺伝学的手法の助けを借りて解析される．わが国において，在来家畜研究会のメンバーである西田隆雄博士は，ニワトリにおけるこの分野の第一人者であり，現在インドシナ半島を中心に精力的な研究活動を続けられている．

西田博士とその共同研究者たちは，生体計測においてはからだの8部位（Baldwin *et al.* 1931; Ball 1933）および頭骨計測点（von den Driesch 1976）のなかから選定した外部から計測可能な頭部8部位を加えた16部位，さらに，骨格計測は59部位（von den Driesch 1976）のなかから30部位について行い，多変量解析により，ニワトリの体型を検討している．東南アジアにおいて飼養されている在来鶏の体型についてみると，タイ在来鶏は大型のゲーム（Game）型，小型の地鶏型および大型の地鶏型に区分され（Vajok-Kasikiji 1960），マレーシア在来鶏は大型と小型のそれぞれゲーム（Game）型とノン・ゲーム（Non-game）型の4つのタイプに分けられる（西田ほか 1976）．一方，インドネシア在来鶏およびスリランカ在来鶏については，輸入闘鶏専用種を除くと明確な体型分化を認めることはむずかしいと報告されている（Nishida *et al.* 1980, 1982; 西田ほか 1986）．

ニワトリの外部形質は，羽色4座位（I–i^+, E–e^+, S–s^+, B–b^+），脚色1座位（Id–id^+），冠形2座位（P–p^+, R–r^+）および対立関係ではないが，赤耳朶–白耳朶がおもな調査対象となる．これらのうち S–s^+, B–b^+, Id–id^+ 遺伝子は，伴性であるためにデータの集計は雌雄別々に行う必要がある．実際にニワトリたちを1羽ごとに確認して得られるこれらの観察値は，つぎに地域あるいは品種ごとにまとめられ，座位ごとに対立遺伝子が占める割合，すなわち遺伝子頻度が算出され，それぞれの集団の遺伝的特性値として扱われる．また，遺伝子頻度は本来，その土地の在来鶏が保有していた遺伝子かどうかの指標となる．さらに，現地での改良種の導入情報を参考に，I, B および Id 遺伝子の頻度より，改良種からの遺伝子流入を推定できる（西田・野澤 1969）．

インド亜大陸の南端に位置する島国であるスリランカは，1984年度に在来家畜研究会のメンバーによって組織された調査隊によって，調査が実施された．それによると，同国の在来鶏は，*I*, *S* および *B* 遺伝子の頻度が低く，e^+ 遺伝子頻度が高いことが明らかにされ，インドネシア，フィリピンおよびマレーシア在来鶏と同様の傾向であると報告されている（西田ほか 1986）．改良種の遺伝子流入をみると，一般に東南アジア諸国の在来鶏においては，白色レグホンと横斑プリマスロックの侵入率は低く，ロードアイランドレッドの侵入率が高いとされている（西田ほか 1983）．しかしながら，ニワトリはほかの家畜にくらべて，品種改良による雑種化のスピードは速く，時間の経過とともに集団の遺伝子構成が変化しやすいことを考慮する必要がある．

血液からの情報

ニワトリにおいて，血液は体重の 1 割を占めているといわれ，その約 8 割は水分である．血液は，体内を循環しながらガス交換，栄養素，代謝物およびホルモンの運搬，生体の防御，体温の調節などの役目を受けもっている．一方，血液を材料にニワトリの過去を探ろうとする際に，これまでわれわれは，主としてその血液型およびタンパク質型を遺伝標識として用いてきた．血液型および血液中に含まれるタンパク質は，それぞれ抗原抗体反応と電気泳動によって分析される．

わが国において，これらの手法を用いてニワトリの成立過程を明らかにしようと試みたのは，1961 年に実施された第 1 回トカラおよび奄美両群島の在来家畜調査に参加した野澤謙博士が最初である．その後，同研究会が調査対象地域を東アジアから東南アジアへと広げるにしたがい，多くの研究者たちがかかわってきた．なかでも橋口勉博士，岡田育穂博士および田名部雄一博士らの集積したデータは，非常に貴重なものとなっている．

ニワトリの類縁関係を血液型および血液タンパク質型より解析しようとする研究は，前述の方法を用い，個体ごとの表現型を視覚化し，タイピングするところからはじまる．個々の表現型は，種，品種あるいはサンプル採取を行った地域ごとに集団としてまとめられ，検索した座位別に遺伝子頻度という値で示される．遺伝子頻度とは，1 つの遺伝子座を構成しているいくつかの対立遺伝子の集団内での相対的な割合であり，集団の遺伝的構成を把握するうえで重要な指標となる．集団間の遺伝子構成の差異は，

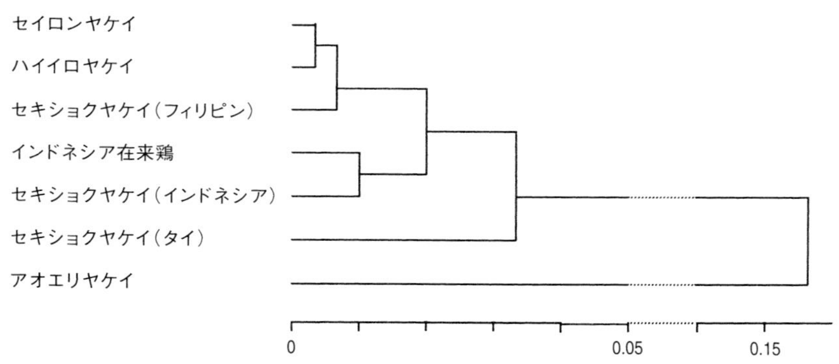

図 3-15 インドネシア在来鶏およびヤケイの枝分かれ図
(Hashiguchi *et al.* 1993 より作成)

遺伝距離(genetic distance)としてとらえられる．2 集団間の対立遺伝子の頻度がまったく同じであるとすると，遺伝距離は 0 となり，遺伝子頻度の差が大きくなるにしたがって遺伝距離も大きくなる．さらに，遺伝距離をもとに集団間の相互関係を枝分かれ図(dendrogram)として描くことができる．枝分かれ図により，われわれは集団間の遺伝的類似性の程度を知ることとなる．

図 3-15 は，インドネシアにおける在来鶏およびヤケイの枝分かれ図である(Hashiguchi *et al.* 1993)．この図は，①ハイイロヤケイとセイロンヤケイの遺伝的類似性が高いこと，②インドネシア在来鶏はインドネシアのセキショクヤケイと遺伝的に近い関係にあること，③これらの集団のなかで，アオエリヤケイはほかのヤケイおよびインドネシア在来鶏とも遺伝的類似性がかなり低いこと，を示している．

生物の系統関係を図示したものに系統樹(phylogenetic tree)がある．枝分かれ図が系統樹となりうるかという問いに対して，野澤謙博士は，枝分かれ図は集団間の遺伝的類似性あるいは差異の程度を視覚的に表現したにすぎず，それゆえ枝分かれ図を系統樹とみるためには，これを描くために使った遺伝標識が淘汰に対して中立であることが必要であると述べている(野澤 1994)．さらに，中立性が保証されていても，集団の有効な大きさについても考慮することが重要であり，枝分かれ図の提供している情報にふくまれる不安定な性格を忘れてはならないとつけ加えている．

DNAからの情報

研究者たちの関心がDNAそのものを分析する分野に向きはじめたのは，1970年代後半からである．それまで遺伝あるいは進化にかかわる学者たちは，遺伝子の最終産物であるタンパク質を解析することによって，遺伝的変異の情報を間接的に得ていた．

生物において，祖先から引き継がれる遺伝形質のすべての情報がDNAのなかにあるという事実は，地球上の生命現象のみなもとはDNAであるということを語りかけている．と同時にDNAには，地球上に生物が誕生して今日にいたるまでのさまざまな記憶が刻みこまれているといっても過言ではない．これまで現存する生物，あるいはときおり出土する化石を手がかりに，おぼろげな姿でしかなかった祖先像が，その生物が発生して現在にいたるまでの歴史が蓄積し続けていると考えられるDNAを分析することで，より鮮明なものとなってくると期待できる．

生物の進化にかかわる遺伝情報を得るためのDNA解析技術については，大きく2つの方法があることは前述したとおりである．ここでは，そのうちDNAに書かれている文字配列，すなわち塩基配列を解読する方法で，細胞内小器官であるミトコンドリアにふくまれるDNAからニワトリの祖先を探ってみることにする．

細胞においてミトコンドリアは，エネルギー物質であるアデノシン三リン酸（ATP）を細胞内呼吸によってつくりだす，いわば工場の役目をしている．すなわちミトコンドリアは，酸素を用いて基質を分解し，遊離するエネルギーによってATPをつくっている．細胞内呼吸の過程は，解糖系，クエン酸回路および電子伝達系の3つに分けられ，ミトコンドリアは，後二者の部分を受けもっている．ミトコンドリアは，1つの細胞のなかに数百という単位で存在しており，その内部には複数の環状ミトコンドリアDNAをふくんでいる．ミトコンドリアDNAは，いくつかのタンパク質をつくる遺伝子，リボゾームRNAをつくる遺伝子およびトランスファーRNAをつくる遺伝子，さらにもう1つ，Dループとよばれる遺伝子をなにもコードしていない部分などからなっている．

核DNAと比較した場合，一般にミトコンドリアDNAは10倍程度の速さで突然変異が起こるといわれている．祖先と考えられるものや近縁種との比較を行う際に，ちがいがまったくないというのでは考察しようがなく，逆に突然変異が起こりやすいということはちがいをみつけやすいことになり，それゆえミトコンドリア DNA が生物の起源や類縁関係を探るうえで多用されているのである．

DNA の突然変異とは塩基が傷つけられることであり，ミトコンドリア DNA がそれを受けやすい理由としては，①染色体に梱包された核 DNA のようにヒストンと結合しておらず，むき出しの状態であること，②核 DNA と異なり，一度受けた傷の修復が厳密に行われないこと，③活性酵素の生産の場であるためにその影響にさらされやすいこと，などが考えられる．なかでも D ループは，突然変異を起こしたとしても遺伝子をコードしていないので，生きていくうえでは問題にならず，結果的にその痕跡が蓄積されていくことになる．さらにもう 1 つ，ミトコンドリア DNA において重要なことは，母親のもつものが代々子孫へと受け継がれ，父親のもっているものは子どもへは伝わらない，すなわち母性遺伝という様式をとっていることである．このミトコンドリア DNA の特長は，世代を溯っていくうえで，核 DNA のように，両親の DNA が混在した状態から，共通の標識を探しながら 1 つの道をたどっていくことに比較すると，きわめて容易にかつ確実に雌の祖先へと導いてくれることである．いいかえるなら，ミトコンドリア DNA，そのなかでも D ループとよばれる部分には，それぞれの生物が経験してきた歴史の重要な鍵が隠されているのである．

ヤケイ，在来鶏，改良鶏およびウズラのミトコンドリアの D ループ 480 bp における塩基配列を決定し，図 3-16 のような枝分かれ図より，ニワトリの祖先はセキショクヤケイであること，および家禽化はタイ国周辺で起こったであろうということが示唆されている（Akishinomiya *et al.* 1996）．また，セキショクヤケイ 5 亜種のうち，特定の 1 つあるいは 2 つの亜種がすべてのニワトリの祖先であるとも，あわせて報告されている．これらの分析結果は，単源説を支持するものとなっている．

D ループについてほかの動物種をみてみよう．マカクの 1 つであるニホンザルにおいて，群れや個体群のなかでは遺伝子のタイプが均一であるが，地域間にはタイプの明瞭なちがいが認められることが指摘され，さらに，

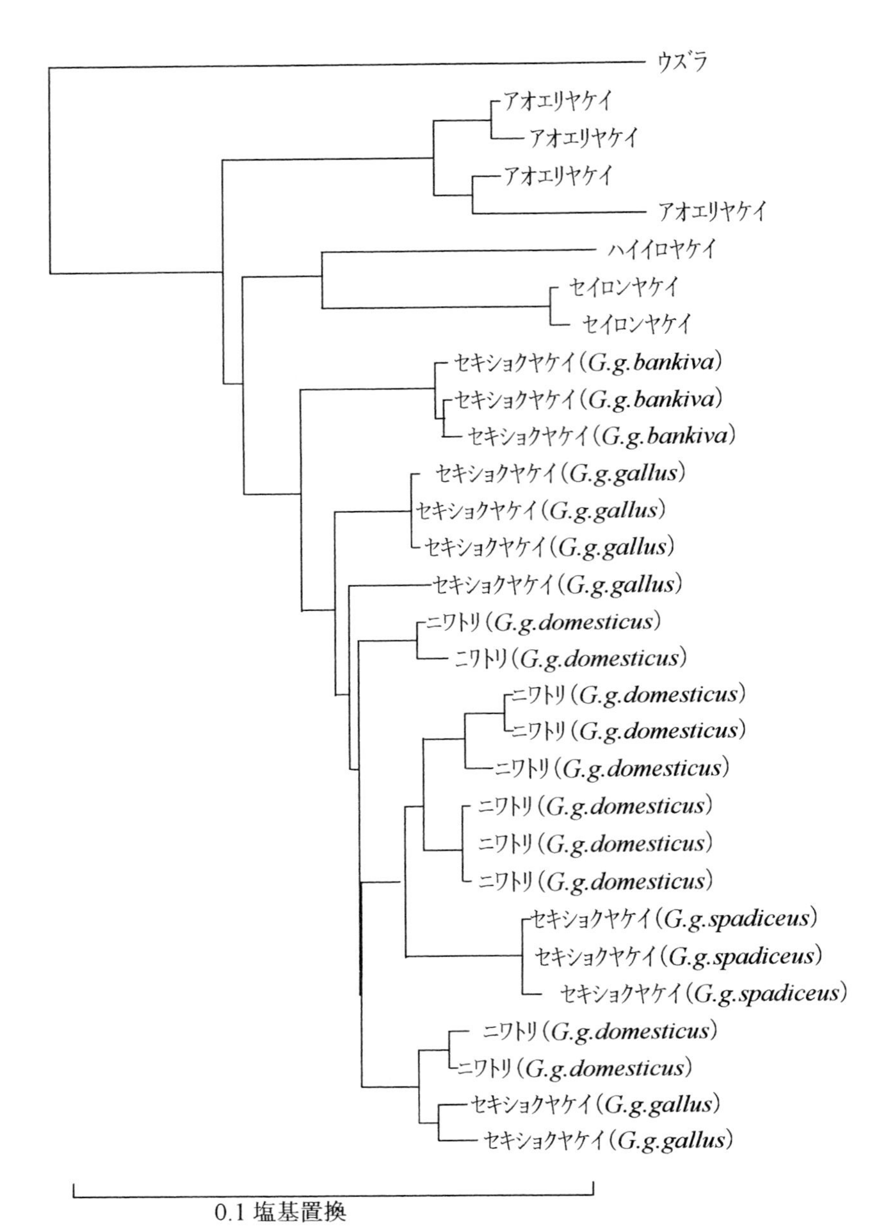

図 3-16 ミトコンドリア情報から描いたニワトリおよびヤケイの枝分かれ図（Akishinomiya *et al.* 1996 より作成）

そのライフスタイルを考慮しながらミトコンドリアDNAを調査すれば，系統や進化にかかわる新しい問題を発掘するチャンスが生まれるだろうと考えられている（川本 1997, 1999）．また，近交系マウス（Anderson *et al.* 1982）やブタ（Onishi *et al.* 1994）においては，品種のちがいが明らかであり，品種の区別に有効であると報告されている．一方，ウシでは品種内に高い頻度で塩基置換が存在し，品種間差を検出するのは困難であるという報告もある（Loftus *et al.* 1994; 武田ほか 1997）．

ミトコンドリアDNAは，核DNAのように配偶子形成の際に再構築されることなく，同じものが母親から子どもたちへ渡されながら，さまざまな突然変異を蓄積してきている．今，われわれが手にするミトコンドリアDNAのシークエンス情報には，その生物が受け入れた歴史が確実に刻まれており，われわれが時の流れを溯るうえで強力な味方であることにまちがいはない．しかし，Dループのように無機的に配列された塩基の並びに隠された秘密を解くためには，生物にかかわるあらゆる情報を把握することが重要である．ましてや繁殖が人為的管理下におかれてはじめて誕生する家畜においては，その解釈には慎重にならざるをえない．

第4章 仕組まれたプログラム
家畜としてのニワトリ

今日，ニワトリの卵あるいは肉がわれわれの食卓を飾らない日があるだろうか．国内で生産される卵，約256万トン（平成9年度）はその大部分が生食のかたちで消費されている．また，卵は副原料としてパン，菓子などに用いられ，加工食品で卵を使用しないものを探すことは非常に困難である．さらに食肉のなかで，ニワトリの肉は豚肉につぐ国内生産量を示し，1人あたりの供給量としては平成9年度で年間11.0 kgとなり，11.3 kgである豚肉との差を年々縮めてきている．いずれ1位に躍り出る勢いがある（表4-1）．世界的にみても，鶏肉は最近牛肉に代わり2番目に多く消費される食肉となっている．これは価格が低廉であること，消費者に安全食品という認識が流布したこと，大多数の文化と宗教に受け入れ可能であることなどがおもな理由と考えられている（渋谷 1999）．

ニワトリとヒトとの交流をふりかえってみると，ニワトリはその鳴き声や美しい姿などをとおしてわれわれの心を魅了し，また，生産する卵や肉を提供することにより，われわれの食生活を支えてくれてきた．ほかの家畜をながめてみても，ニワトリほどわれわれの生活を，精神的にまた物質的に豊かにしてくれる動物は見当たらない．とくに，後者はニワトリがヒトとのつながりをもちはじめて以来，真の家畜としての位置を築くための大きな原動力となったと考えられる．

ヒトは雑食性の食生活を営む動物である．ヒトが地球上のあらゆるところに移り住むことができたのも，この食性のおかげである．もしヒトが草食あるいは肉食しか許容しない動物であったとしたら，現在のような生活圏の獲得は望めなかったであろう．原始時代の遺跡には，植物性食物にくらべ残存しやすい肉食性食物の痕跡が数多く確認され，ヒトの肉食のあかしとなっている．当時の人々は，環境の変化に合わせて植物性食物あるいは動物性食物を求め，また，本能的に自然に対し畏敬の念を抱きながら，

表 4-1　肉類の需要と消費（『平成 11 年度版農林水産統計』より作成）

区　分	国内生産量（千 t）	輸入量（千 t）	供給量（kg/1 人・1 年）	購入量（kg/1 世帯）
1993 肉類計*	3360	1986	29.9	44.5
牛肉	595	810	7.4	11.9
豚肉	1438	650	11.4	16.5
鶏肉	1318	390	10.3	12.4
1994 肉類計	3248	2189	30.7	44.5
牛肉	605	834	8.0	12.3
豚肉	1377	724	11.5	16.1
鶏肉	1267	516	10.6	12.4
1995 肉類計	3152	2413	31.3	44.1
牛肉	590	941	8.3	12.4
豚肉	1299	772	11.4	16.0
鶏肉	1252	581	10.9	12.1
1996 肉類計	3057	2565	31.0	42.4
牛肉	547	873	7.7	11.1
豚肉	1264	964	11.6	15.9
鶏肉	1236	634	11.1	12.1
1997 肉類計	3055	2372	30.7	42.3
牛肉	529	941	8.0	11.1
豚肉	1288	755	11.3	15.9
鶏肉	1228	588	11.0	12.0

*：肉類計にはクジラなどそのほかの肉をふくむ.

自然のなかにとけこむようにして生きのびていた．かれらの生活観は，その後しだいに対人関係さらには社会観念へと大きな影響力を及ぼすようになっていったと考えられる．

われわれの肉食の歴史を概観してみると，当然のことながら地域や民族によりさまざまである．その独自性を形成するにあたって，農耕か，遊牧か，あるいはどのような宗教をもつかは，とくに大きな要因であったと考えられる．前者においては，たよれる動物と使えない動物の区別がはっきりすることにより，追随する家畜が異なるようになる．それぞれの民において有能な特質を見抜かれた家畜たちは，繁栄や希望といった象徴として崇拝された結果，神格化され偶像となり，かれらの宗教観念のなかへと組みこまれてしまい，食の対象としては一般に扱われないようになる．家畜が狩猟時代のようにふたたび食糧として認知されるようになるのは，その思想の呪縛から解放されるときである．

光の象徴として登場したニワトリにおいても，さまざまな肩書きを背負わされ崇拝の対象として生きていた時代には，まったく食されていなかったわけではないが，少なくとも一般社会においては，その卵も肉もほとんど利用されなかったと考えられる．

この章では，われわれの食生活を支えているニワトリについて，その優れた生産性がいかにして備わってきたか，その過程でわれわれはどのような工夫を凝らしてきたかをみていきたい．

4.1 より多くより大きく

卵用種と肉用種

卵と肉はニワトリが提供してくれるもっとも重要な生産物であり，そこにわれわれは経済的な価値を見出し，さまざまな改良を試みてきた．

ニワトリは用途別に，卵用種，肉用種，卵肉兼用種および愛玩用種に分類できる．しかしながら，卵用種であってもその肉を利用しており，また，肉用種であっても当然産卵を行うわけであるから，厳密にはすべて卵肉兼用種といえるかもしれない．前述の分類において，その基準となるのは，ニワトリに対し卵と肉のどちらの形質をより求め重視しているかということである．

卵用種は，比較的小型の体格をもち産卵能力に優れたニワトリたちである．卵用種を代表する品種としては，白色レグホンがあげられる．このニワトリは，イタリア原産の在来種を 19 世紀中期ごろからイギリスおよびアメリカにおいて改良したのがはじまりで，現在初産日齢 160 日，初年度ヘンハウス産卵数（総産卵数／検定開始羽数）260 個，卵重 58 g という優れた産卵能力をもっている．また，このほか卵用種には黒色ミノルカがいる．黒色ミノルカは，スペイン原産でイギリスにおいて改良されたニワトリである．産卵数は 150 個と白色レグホンには及ばないが，卵重は 65 g とやや大きい．

肉用種は，大型で成長速度の速いニワトリたちである．白色コーニッシュはアメリカで完成された肉用専用種であるが，19世紀後半イギリスにおいて，アジア系の闘鶏品種インディアン・ゲームとイギリスの闘鶏品種であるオールド・イングリッシュ・ゲームより得られた雑種がその基礎となっている（図4-1）．また，その改良過程では日本の大シャモが交配されている．成体重は雄5kg，雌4kgで，初期の発育がよく，胸の筋肉がきわめて発達しているが，産卵能力は劣っている．このほかの肉用種としては，横斑プリマスロックの羽色が突然変異により白色となったものをアメリカで改良した白色ロックがいる．

卵肉兼用種はアメリカ原産のものが多く，産卵能力は卵用種と遜色なく，また，大型で肉質のよいニワトリたちである．横斑プリマスロック（図4-2），ロードアイランドレッド（図4-3），ニューハンプシャーおよび名古屋種（図4-4）などがいる．前三者はすべてアメリカの原産である．横斑プリマスロックは，横斑羽色をもつドミニークを中心に黒色ジャワ，黒色コーチンなどの東洋種を交配して作出された．ロードアイランドレッドは，

図4-1 白色コーニッシュ

図 4-2 横斑プリマスロック

図 4-3 ロードアイランドレッド

図 4-4 名古屋種（木下圭司氏撮影）

アメリカのロードアイランド州においてコーチン，褐色レグホンおよびワイアンドットなどの交雑により作出され，さらに同品種を用い速羽性，早熟性，成長速度などの形質をとりあげ，改良されたのがニューハンプシャーである．名古屋種は，明治初期に愛知県で在来種とバフコーチンの交雑によって作出され，当時は名古屋コーチンとよばれていた．その後，褐色レグホン，バフレグホンおよびロードアイランドレッドなどを交雑して名古屋種となった．

これらの品種を基礎として，より経済的価値をもつようにさらに育種されたニワトリたちを，実用鶏あるいはコマーシャル鶏とよんでいる．実用鶏は養鶏業界のいわゆる実戦部隊ともいえる集団で，卵用鶏と肉用鶏に大別される．卵用鶏は鶏卵を生産する目的で飼養されているニワトリたちで，採卵鶏あるいはレイヤーという名をもっている．一般に販売されている卵は，白色卵，淡褐色卵および褐色卵の3タイプがある．白色卵は，白色レグホンの系統間交配によって作出されたニワトリのものである．一方，淡褐色卵は白色レグホンとロードアイランドレッドあるいは横斑プリマスロックの交配によるものであり，また，白色レグホンが関与せずロードアイランドレッド，横斑プリマスロックおよび白色プリマスロックにより作出された卵用鶏は褐色卵を生産する．肉用鶏は食用に供する目的で飼養されているニワトリたちで，ブロイラーがその代表である．ブロイラーとは食肉用の若鶏の総称である．もともとアメリカにおける食鶏の規格であり，幼齢または若齢のニワトリを焙焼（ばいしょう）（broil）後，食用としていたところからきている．このほか日本各地で，特殊肉用鶏としていくつかの銘柄が確立されている（表4-2）．これらのニワトリの肉は，従来のブロイラーに

表4-2 特殊肉用鶏の種類（『新畜産ハンドブック』より作成）

銘　柄	交雑様式	出荷日齢（日）	出荷時体重（kg）
東京シャモ	シャモ×(RIR×シャモ)	120-140	♂2.5，♀2.2
秋田比内地鶏	比内×RIR	♂130，♀150	♂2.5，♀2.0
名古屋コーチン	名古屋×名古屋	♂130，♀150-160	♂2.5-2.8，♀1.9-2.2
大和肉鶏	シャモ×(名古屋×NH)	112-119	♂2.9，♀2.2
薩摩若シャモ	薩摩鶏×白色ロック	80	2.0
肉用熊本コーチン	熊本コーチン×RIR	112	♂3.2，♀2.2

RIR：ロードアイランドレッド，NH：ニューハンプシャー．

はないうまみをもっている反面，ニワトリの発育速度が遅く，出荷されるまでに期間が必要である．

飼養羽数にみる養鶏の盛衰

たんにニワトリを飼うことを養鶏と定義するなら，わが国の養鶏の歴史は数千年になる．その結果，日本固有の品種が20あまりもつくられ，それぞれについて内種を考慮すると，その数はさらに多くなる．現在，これらの品種は，観賞用および闘鶏用として世界的に注目されている．われわれ日本人の感性が時の力を借りて生み出した，誇るべき動物たちである．

さて，ここでは一般に考えられている養鶏，すなわち採卵および肉用としてニワトリを飼養することについて，わが国のたどってきた過程をみてみることにする．

ニワトリの卵や肉が一般の食材として広く用いられはじめ，重要な動物性タンパク質資源として注目されるようになったのは，比較的新しく明治以降のことである．明治10年代の卵の消費は国内生産を上まわり，中国からの輸入に依存しはじめていた（吉岡ほか1957）．このことが，わが国において養鶏を産業として認識させる1つのきっかけとなった．明治21（1888）年，当時の農商務省が実施した第1回農事調査では，全国に約910万羽のニワトリが飼養されていたが，明治39（1906）年には1600万羽に増加し，その5年後には2000万羽を超えるようになった．大正5（1916）年，畜産試験場が設置され，養鶏に対する国の姿勢も積極的になり，飼養羽数も大正14（1925）年には3678万羽に達した（表4-3）．わが国における養鶏は大正末期までに著しい発展を示し，産業としての基盤を

表4-3 ニワトリの飼養状況の推移（吉岡ほか1957より作成）

年次	飼養戸数（千戸）	飼養羽数（千羽）	鶏卵生産量（千個）
1906	2674	16044	589224
1911	2947	20484	814945
1915	2740	19973	857054
1919	2965	24701	1154740
1923	3372	35364	1541866
1925	3434	36780	1609169

築きつつあった．しかし，人々の食生活の向上にともなって卵消費量も増加する一方で，輸入卵の増加も昭和初期まで続いた．

昭和2（1927）年，国立種鶏場が青森，大宮，岡崎，兵庫および熊本に設置されると，優良種鶏，種卵の配布および養鶏技術の指導が開始され，奨励事業も実施された．さらに，大型孵卵器の導入，飼料製造の企業化，初生雛の雌雄鑑別技術の実用化などが，養鶏の産業化の発展に拍車をかけることとなった．この時期の飼養羽数の着実な伸びは，まさにこれらの施策のもたらした結果であり，同時に副業的な軒先養鶏が淘汰され大羽数養鶏へと向かいはじめていた．しかし，飼養羽数の拡大は，飼料の自給が十分でないわが国において，飼料の供給を海外に依存するしかないというきわめて危険な綱渡りでもあった．

昭和元（1926）年から昭和30（1955）年までの飼養羽数の推移を示すと図4-5のとおりである．

昭和12（1937）年に起こった日中戦争は，長期化するにしたがいわが国を太平洋戦争へと向かわせ，それまで築いてきたものを否応なしに破壊しはじめていた．養鶏においてもたちまち深刻な飼料不足におちいり，大羽数養鶏のライフラインは完全に遮断され，ふたたび農家の自給飼料によ

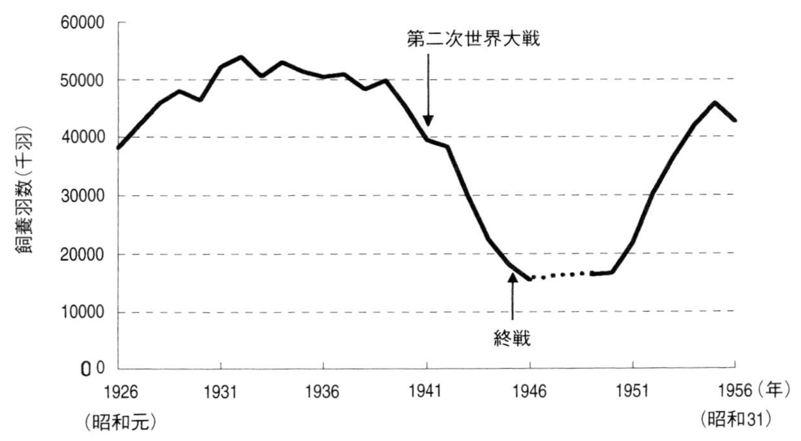

図4-5　ニワトリの飼養羽数の推移（1926-56年）（吉岡ほか1957より作成）
1947, 1948年はデータなし．

る小羽数養鶏へと戻るしかなかった．ニワトリの飼養羽数は昭和21(1946）年には1500万羽まで激減し，戦後しばらく回復のきざしはなかった．

昭和25（1950）年に飼料の統制解除が行われ，飼料の入手が自由になると，ようやく飼養羽数は増えはじめ，昭和33（1958）年には戦前の最高羽数を上まわるようになった．そのころわが国はしだいに高度成長期をむかえ，養鶏はそれと連動して押し上げられるようにめざましい成長を遂げていった．

養鶏に復興のきざしが芽吹きはじめた昭和24（1949）年ごろ，卵用種である白色レグホンと兼用種から得られたF_1の雄を用いた小型ブロイラーの生産が試みられた．これらのニワトリは業務用としてホテルあるいはレストランに供給され，大衆化されるまでにはいたらなかった．昭和40年代，アメリカからブロイラー専用種がさかんに導入され，また，ブロイラー生産にかかわるさまざまな技術改良の結果，ブロイラー産業はいっきに過熱し，新鮮で安価な肉が消費者にもゆきわたるようになった．統計的にみても，ブロイラーの飼養羽数がはじめて報告されたのは昭和39

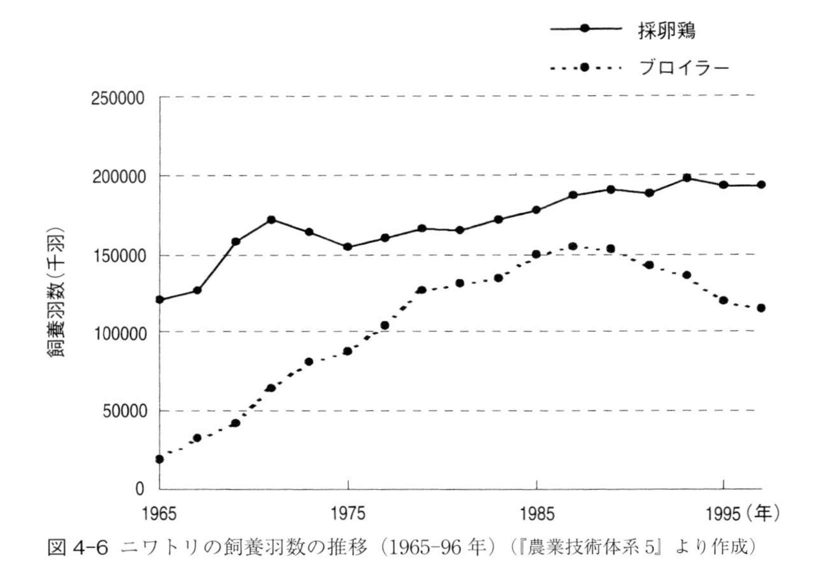

図4-6 ニワトリの飼養羽数の推移（1965-96年）（『農業技術体系5』より作成）

（1964）年で，それ以降，飼養羽数は採卵鶏とブロイラーとに分けて出されるようになった．それまでの飼養羽数はおもに採卵が目的のニワトリたちの数であり，肉用には採卵の役目を終えたニワトリたちが利用されていたことになる．すなわち昭和30年代後半になって卵用鶏と肉用鶏の区別が整いはじめたのである（図4-6）．

採卵鶏は昭和35（1960）年以降46（1971）年まで順調な伸びを示し，その後，昭和50（1975）年までいったんは減少するものの，ふたたび徐々に増加し，平成5（1993）年に1億9844万羽を記録すると，平成10（1998）年まで1億9000万羽代を維持し続けている．一方，ブロイラーは昭和39（1964）年に1317万羽と報告されてから驚くべき勢いで飼養羽数を伸ばし，平成2（1990）年に1億5045万羽と最高値を示したあと減少し，平成10（1998）年には1億1166万羽となっている．

実用鶏に求められる能力

われわれが家畜の生産性に期待する能力を総称して，経済能力とよんでいる．ニワトリの経済能力は，産卵能力，産肉能力，繁殖能力，飼料利用性，強健性および斉一性などからなる．実用鶏を卵用鶏と肉用鶏に分けてみると，産卵能力は前者に，産肉能力は後者に，とくに強く要求されるものであり，繁殖能力，飼料利用性，強健性および斉一性は実用鶏全体に求められるものである．

これまでわが国における実用鶏の改良は，これらの能力を個々にとらえず，複数の能力を同時に考慮しながら進められてきた．すなわち，総合的に高い生産性をもつ実用鶏の作出を目標としてきたのである．

（1）産卵能力

ニワトリの産卵能力は大きく量と質2つの面から構成されている．

量とは産卵数と卵重に関する形質であり，つぎの7つの観点から評価される（武富 1981）．すなわち，初産日齢，年間産卵数，生物学的年間産卵数，ヘンハウス（hen-housed）産卵率，ヘンデイ（hen-day）産卵率，卵重および日産卵量である．産卵数および卵重を同時に反映している卵量は，採卵養鶏においては重要な指標の1つである．産卵率が高くても卵重がなければ卵量は低く，また，卵重があっても産卵率が悪ければ同じである．したがって，両者がともに向上することによって，はじめて生産卵量の増加は期待できる．しかしながら，産卵率を高めることと卵重を重くすることは，育種的には対立関係にあるとされており，同時に改良を行うことは困難である．とくに卵重は，遺伝的要因に支配される以外に環境的な影響も受けやすく，給与される飼料成分など飼養管理面からの検討も必要である．

鶏卵の鮮度および包装，輸送における卵の破損いわゆる破卵の発生は，卵の質にかかわる問題である．卵黄をとりまく卵白には濃厚卵白と水様卵白がある（図2-27参照）．放卵直後の卵白は濃厚卵白の含量が高いが，貯蔵するにしたがい卵白水様化が起こり，徐々に水様卵白へと変化する．濃厚卵白は卵黄を包み，外部からの微生物の卵黄への侵入を防ぐ役目をしているが，上述の現象はその保護が時間の経過とともに崩壊していくことを物語っている．卵を割卵してみると，新鮮卵の卵黄は濃厚卵白によりきつく締められ，ほぼ球形のかたちを保ち盛りあがり，卵白はまわりに広がらない．一方，卵が古くなるにつれ卵黄は緊張を失い扁平となり，周囲の卵白はなだらかにそのすそを拡大していくのが確認できる．この状態は，濃厚卵白の高さと広がりの比率である卵白係数，卵黄の直径に対する高さの割合である卵黄係数および卵白の高さと卵重より算出するハウユニットを用いて数値化される．破卵は卵の品質を低下させる要因の１つであり，食用不適として処理される．ゆえに鶏卵を包装，輸送する際の破卵防止は，商品として鶏卵を扱ううえで重要な項目となる．破卵は，卵重が重くなり卵が大きくなるにつれ，発生する機会が高くなる．卵が破損しやすいかどうかは卵殻の厚さおよび卵殻強度に左右され，さらに，これらの要因は産卵率の影響を受けていると思われる．

（２）産肉能力

産肉性に優れたブロイラーにおいては，からだのなかで筋肉の占める割合が多く骨の割合が少ない，さらに筋線維の直径が大きくなっている．産肉性を評価する際，まず体重と発育速度を用いる．一般に体重というと生体重のことをさし，ニワトリの場合，羽毛，皮膚，血液，筋肉，内臓，骨

表 4-4 食鶏の理論歩留り（後藤 1990 より改変）

名称および区分	重　量（g）	比　率（%）
生　体	2200	100
屠　体	1980	90（100）
骨付き肉	1544	70.2（78）
正　肉	743	33.75（37.5）
か　わ	42	1.89（ 2.1）
ささみ	71	3.24（ 3.6）
こにく	73	3.33（ 3.7）
あぶら	55	2.52（ 2.8）
手羽ささ	97	4.41（ 4.9）
手羽もと	81	3.69（ 4.1）
骨	382	17.37（19.3）
可食内臓	89	4.05（4.5）
不可食内臓	178	8.10（9.0）
頭，足	168	7.65（8.5）
血液，羽	220	10

（　）内の数値は屠体を 100 としたときの値.
可食内臓とは心臓，肝臓，脾臓および筋胃をさし，不可食内臓とは可食内臓以外をさす.

などからだを構成しているすべての部分の重量を合計した値となる．屠殺後，血液，羽毛，内臓を除去した重量は，屠体重として示される．実際にどれだけの産肉量が期待できるかは，理論歩留りを参考にすることになる（表 4-4）．体重を指標とし間接的に産肉量を推定することが可能となるが，と同時に，経時的に体重を計測し，発育速度を求め，ニワトリの発育に関する体内生理を考え合わせることで，目的とする部位の発育情報をつかむことができる．

腹腔内に蓄積する脂肪は屠体処理の過程で廃棄されるものであるが，腹部脂肪の付着は歩留りの低下，すなわち筋肉割合を減じる結果となる．さらに筋肉に付着する脂肪は，消費者の鶏肉離れをまねく恐れがあり，腹部脂肪をできるだけ少なく抑える必要がある．しかしながら，腹部脂肪を少なくすることは筋肉中の脂肪量をも低下させることになり，肉味を損なうことにもつながる．

（3）繁殖能力

生産性が優れた実用鶏がいたとしても，この実戦部隊の供給がスムーズに行えなければ，実用鶏の雛のコストは非常に高いものとなってしまう．つまり卵用鶏および肉用鶏生産のために，高い繁殖能力を備えた種鶏が必要となる．種鶏は経済能力の改良とその固定が行われた集団より，さらに選ばれたニワトリたちである．

種鶏に求められる能力は，優良形質を強力遺伝させる力をもつことはいうまでもないが，雄の種鶏においては生存率が高く，活力があり，受精能力の優れた精子を生産することが条件となる．また，雌の種鶏は産卵能力に優れ，孵化率の高い種卵を生産する個体が選ばれる．

（4）飼料利用性

ニワトリにおいて摂取された飼料は，体内で体重の維持，卵の生産，体重の増加，およびそのほか体温，呼吸，運動，排泄などに分けられる．実用鶏にかかる生産コストのうち飼料費は約70%を占めるといわれ，実用鶏の生産効率をいかに高めていくかを考えるうえで，飼料要求率の改善はとくに重要な項目として位置づけられる（渡辺 1980）．

飼料要求率とは，卵用鶏においては卵を，肉用鶏においては肉を，それぞれ1 kg生産するのに要した飼料の量（kg）として示される．飼料要求率が優れているか否かは，実用鶏の生産量が多いか少ないかによって大きく左右される．したがって，卵用鶏では産卵率を，また，肉用鶏では成長速度を高めていくことにより，飼料要求率の改善が可能となる．

（5）強健性

強健性とはからだが丈夫で強いことをさす用語である．実用鶏に求められる強健性とは，育成率，生存率，抗病性，および耐暑性などがある．さらに強健性を広く解釈すると，ニワトリを集団飼育する場合などの人為管理下において生まれるさまざまなストレスに適応する力もふくまれるかもしれない．ここでは，実用鶏の肉体的な強健性についてとりあげる．

育成率および生存率は，集団が一定期間中にどれだけ生き残れるかを表す値である．卵用鶏において，育成率は育成開始から150日齢まで，生存率は151日齢から500日齢までの期間で，肉用鶏においては育成開始から出荷時までの期間で算出される．

抗病性とは特定の病原体に対して抵抗性をもっていることであり，親から子へと受け継がれる遺伝的なものと，後天的に獲得できるものとに分けられる．結果的に，抗病性をもつニワトリの育成率および生存率は高くなる．

わが国の気候は6月から8月にかけて高温・高湿の時期をむかえ，とくに西日本においてはこの傾向が強い．この時期，これらの地域におけるニワトリの死亡ならびに生産効率の低下は著しく，耐暑性をもつことは重要である．

（6）斉一性

大羽数養鶏における実用鶏の産卵形質および産肉形質の斉一化は，日常の飼養管理あるいは生産物の流通において，きわめて有効な戦略となる．集団における斉一性の確立は短期間で実現できるものではないが，系統間交雑により，同一遺伝子型をもつ個体より集団を構成することで可能となる．

卵用鶏の実力

ニワトリの祖先と考えられているヤケイたちは，1繁殖期に平均して4-8個の卵を産む．また，動物園で飼われているセキショクヤケイは，年間30-60個の卵を産むといわれている．一方，卵用鶏はほとんど毎日産卵を持続する力をもち，年間最高365個の記録もあり，現在平均的に年間300個前後の卵を生産することが可能である．卵用鶏の産卵能力は改良と日常の飼育管理のたまものであり，本来，産卵は子孫を残すための手段であるということを考えると，かれらの能力は生物のもつ領域を超え，産卵マシンという感すら覚える．

ニワトリの寿命は10-20年といわれているが，卵用鶏には天寿を全うする機会は与えられてはいない．卵用鶏の産卵率は初年度がもっとも高く，以後1年に10-20%ずつ低下し，その経済的寿命は2-3年と考えられる（佐藤1980）．卵用鶏の飼養はさまざまであるが，ある業者の例では，125

表 4-5 乳牛とニワトリの年間生産量（kg）（『農業技術体系 5』より作成）

	成体重	年間生産量	タンパク質	脂肪	炭水化物	無機質
乳牛						
ホルスタイン	650	5250 (8.08)	162.8 (0.25)	157.5 (0.24)	257.3 (0.40)	36.8 (0.06)
ジャージー	480	3500 (7.29)	136.5 (0.28)	178.5 (0.37)	171.5 (0.36)	24.5 (0.05)
ニワトリ						
卵用鶏	2.5	16* (6.40)	1.9 (0.76)	1.7 (0.68)	0.08 (0.03)	0.7 (0.28)

（ ）内は体重 1 kg あたりの生産量.
*：年間 275 個産卵.

日齢で導入し 700 日齢で更新するサイクルをとっている．卵用鶏は 150 日齢前後で産卵を開始すると，産卵率は急速に高まり，産卵開始後約 3 カ月でピークに達し，その後下降していく傾向にある．ピークを過ぎたあとの産卵率をいかに高い値で維持するかは，卵用鶏にとってはとくに求められる能力である．また，12–1 月に孵化する早春雛は初産日齢をむかえるのが早く，5–6 月に孵化する晩春雛は遅い．さらに，初産日齢が早くなると初産卵重が小さく，遅くなれば大きいと報告されている（柳井 1999）．初産時期が早まることは，一定期間における産卵個数を増加させることになり，経営上有利ではあるが，卵重を追求するうえでは相容れない面がある．

生産された 1 個の卵において，その約 75% は水分であり，そのほかはタンパク質（12%），脂肪（11%），炭水化物（1%）および無機質（1%）からなっている．卵をとおして卵用鶏 1 羽が生産する年間の物質量をほかの家畜の生産量と比較した報告を表 4-5 に示した．これらの量を体重 1 kg あたりに換算してみると，ホルスタインやジャージーとくらべ炭水化物は劣るものの，タンパク質および脂肪は 2–4 倍の値を示し，卵用鶏の小さなからだに秘められたすばらしい生産性をよく表している．

肉用鶏の実力

肉用鶏といえばすぐにブロイラーを連想し，ブロイラーの特性はなんといってもその成長の速さと肉づきのすばらしさがあげられる．

わが国においては，もともと役目を終えた卵用鶏の肉，すなわち廃鶏肉をもっぱら食用として利用していた．ブロイラー生産が本格化したのは比較的新しく，1960年代後半以降である．

ブロイラーの成長を週齢ごとに追ってグラフに表すと，S字状の曲線が描ける．卵用鶏においても，その成長速度をみると，同様にS字型にたとえられるが，卵用鶏の示すS字は斜め右へ傾斜しているのに対し，ブロイラーにおいては直立に近いかたちをしている．このことは，ブロイラーの体重増加が成長初期においては少ないものの，週齢とともに急激に増加し，6–8週齢においてすでに最高となり，その後穏やかに減少していくことを示している．すなわちブロイラーは，早い時期に成長のピークをむかえ，結果的に成長も早くプラトーに達するのである．ブロイラーは約7カ月で成熟体重に達するとされているが，その最初の3分の1の期間で成熟体重の3分の2に到達するという，驚くべき増体能力を備えている．一方，卵用鶏は，増体のスピードはブロイラーにはとうてい及ばないが，急速に成長する期間が長く続くことにより，ゆっくりと成長していくことになる．産肉性を求めるうえで，ブロイラーのこの特性は必須のものであることにまちがいはないが，その裏側には卵用鶏よりもさらに短い一生を宿命づけられた，かれらの現実が存在している．

ブロイラー発祥の地はアメリカである．1880–90年ごろ，すでにアメリカではブロイラー生産がはじまっている．しかし，当時どのような鶏種を用いていたかは不明である（駒井 1978）．アメリカにおけるブロイラー作出の過程は，兼用種の利用からはじまり，ニューハンプシャーの成立，コーニッシュの改良と活用，白色プリマスロックの成立と活用などを経て，現在のブロイラー専用種にたどり着いている．ニワトリの畜体は，卵用種型，兼用種型，闘鶏型および肉用種型の4つに分けられる（図4–7）．卵用種型は胸部が狭く胴が短い狭胸短胴タイプ，兼用種型は胸部が狭く胴の長い狭胸長胴タイプ，闘鶏型は胸部が広く胴が短い広胸短胴タイプ，および肉用種型は広い胸と長い胴をもつ広胸長胴タイプを示している．初期のブロイラーは小型ではないが，全体的にスリムな印象が強い狭胸長胴型であり，肉量はさほど期待できなかった．現在のブロイラーは，白色コーニッシュの雄と白色プリマスロックの雌を用いて交配されたF_1である．すなわち，闘鶏品種からつくられた広胸短胴タイプの白色コーニッシュを父

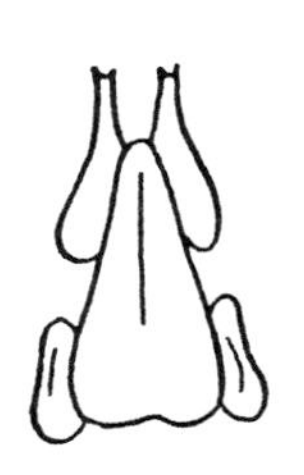

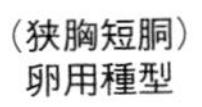

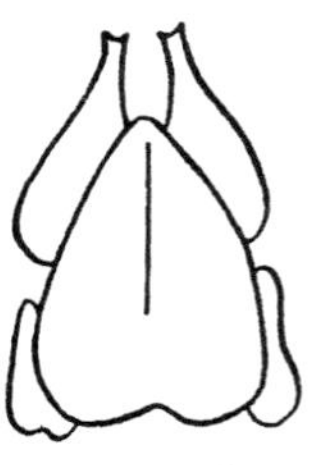

図 4-7　ブロイラーの体型（『農業技術体系 5』より作成）

親に，卵肉兼用種である横斑プリマスロックから派生した狭胸長胴タイプの白色プリマスロックを母親にもった結果，広胸長胴タイプのブロイラーが出現したのである．この理想的な体型をもつ肉用鶏は，胸肉と腿肉の発達がすばらしく，また，同時に成長が速いという能力も両親から分与されている．

4.2 求める立場と失う立場

受け入れる本能

われわれはニワトリと出会い，その優れた特質に触れるにしたがい，驚き，喜び，憧れといった感情が高まり，かれらを自分たちの社会のなかへと招き入れるようになった．いわゆるニワトリの家畜化のはじまりである．そして，いつしかその能力を支配することに目覚めていった．しかしながら，ニワトリと共有してきた歴史をふりかえると，ニワトリの生産性に対して，より高い目標をめざしてわれわれが本格的に動き出したのは，ごく最近のできごとである．

これまで改良という名のもとに，われわれはニワトリに対してさまざまなハードルを設定し，乗り越えさせるたびに自分たちの信じた理想家畜へとかれらを導いてきた．生活を豊かにするためという大義名分をかかげた求める側の志向は，合目的的であることを確信するがゆえに，ニワトリたちにとっては一方的で冷酷な所業と映ったにちがいない．一見すると，われわれ人間のおごりと尊大さのなせる行為だととらえられる．しかし，それを甘受し続けてきたニワトリたちを支えてきたものは，遠いむかし，われわれと出会ったときに交わした暗黙の了解に起因していると信じたい．すなわち，かれらは流されるままにわれわれの世界に迷い込んできたのではなく，守ってもらう代わりに与えるという明確な打算を自己の本能に刻むことによって，自分たちで歩いてきたと考えたい．

とはいえ，受け入れることに対するかれらの本能は際限なくフリーに設定されているわけではない．実用鶏は，環境の変動に対し耐性をもち健康を維持することで，体内の状態をベストにすることに優れている．しかし，自分をとりまく環境がきわめて不利に働きはじめたと察知すると，能力の低下をきたすようになる．とくに飼料，温度，光などにかかわる条件がそろわなくなると，産卵を中止したり成長を低下させてしまう．すなわち，一定の飼養条件で守られなければ，けっしてその能力を与えることはしないのである．かれらはぎりぎりのところまで耐えはするが，自分の生命を賭してまで，われわれの要求を受け入れないことも同時に本能としてもっているのである．

求める側の成功は，この微妙な駆け引きを無視してはけっして成り立たないものであり，そこに改良の１つのむずかしさがある．

抽出される能力——選抜

ニワトリに求められる経済能力は，産卵能力，産肉能力，繁殖能力，飼料利用性，強健性および斉一性から構成されている．われわれがニワトリに期待することは，これらすべての能力が総合的に高くなることである．家畜改良増殖法にしたがい５年ごとに農林水産省より発表される家畜改良増殖目標は，その後10年間における家畜の総合的生産性を高める方向で決められている．したがって，ニワトリにおいても，複数の形質を同時に考慮しながら改良を進めていくことが重要である（表4-6，表4-7）．

選抜は，次世代の作出のために集団のなかから優れた能力をもつものたちを種鶏として選び出すことであり，家畜を改良するうえでもっとも重要な方法である．基本的には個体選抜と家系選抜の２つがある．

表 4-6 卵用鶏の能力の年次別推移と改良目標[1]（『新畜産ハンドブック』より作成）

年次	産卵数	産卵率 (%)[2]	卵重 (g)[2]	日産卵量 (g)[2]	初産日齢 (日)[3]	育成率 (%)[4]	生存率 (%)[5]	体重 (kg)[6]	飼料要求率[2]
1961	211	58	53	31	180	70	70-80	1.8	—
1968	227	62	55	34	170	80	80-85	1.3-2.0	3.0-3.5
1972	248	68	59	40	165	85-90	80-85	1.8-1.9	2.8
1978	259	71	60-61	42-43	160-165	95-97	80-85	1.8-1.9	2.6-2.7
1987	277	76	61-62	46-47	155-160	97	83-88	1.7-1.9	2.4-2.5
目標 1995	292	80	61-62	49-50	155-160	97 以上	90	1.7-1.9	2.3

[1]：数値は農家の全国平均．[2]：産卵率，卵重，日産卵量および飼料要求率はそれぞれの鶏群の50% 産卵日から 1 年間における数値．[3]：育成率は鶏群の餌づけ羽数に対する 150 日齢羽数の比率．[5]：生存率は鶏群の 151 日齢時羽数に対するその 1 年後の生存羽数の比率．[6]：体重は 10 カ月齢時．

表 4-7 肉用鶏の能力の年次別推移と改良目標（『新畜産ハンドブック』より作成）

年次	体重（kg）	育成率（%）[1]	飼料要求率[2]
1975	2.15（70 日齢）	96-97	2.6
1980	2.25（63 日齢）	96	2.4
1988	2.30（51 日齢）	97	2.1
目標 1995	2.60（51 日齢）	98	2.1 以下

[1]：育成率は鶏群の餌づけ羽数に対する出荷時における羽数の比率．[2]：飼料要求率は出荷時体重に対する餌づけから出荷日齢までの期間に消費した飼料．

個体選抜は，種鶏に求める能力を個体の表現型値のみで評価し，選び出す方法である．個体間にみられる能力のちがい，すなわち表現型変異は，環境的要因と遺伝的要因によって影響を受けている．飼養管理など個体のおかれた環境の影響によって誘発された変異は，その個体かぎりのものであり，次世代へとは受け継がれない．一方，遺伝的な影響により現れた変異は世代から世代へと伝えられる．表現型変異のうち遺伝変異に起因する部分を遺伝率とよぶ．この値が大きい場合，個体間の能力のちがいは，大部分が遺伝組成のちがいによるものと推定され，選抜を実施する際，その効果が期待できる．たとえば，高い遺伝率を示す形質において，ある集団から能力の高い個体を選抜し，次世代を生産すると，子世代は両親が保有

表 4-8 ニワトリの経済形質の遺伝率（『新畜産ハンドブック』より作成）

	遺伝率		遺伝率
卵用鶏			
雛の生存率	＜0.1	卵型	0.5-0.7
成鶏の生存率	＜0.1	ハウユニット	0.2-0.3
初産日齢	0.1-0.3	血斑・肉片	0.2-0.3
卵重	0.6-0.7	コレステロール値	0.2-0.3
Hen-housed 産卵数	0.2-0.3	比重	0.2-0.5
Hen-day 産卵数	0.0-0.4	破卵率	0.1-0.4
飼料要求率	0.1-0.4	卵殻色	0.3-0.9
残差飼料消費量	0.1-0.3	マレック病抵抗性	0.1-0.6
卵殻厚	0.3-0.5	ニューカッスル病抵抗性	0.1-0.2
卵殻強度	0.1-0.3		
肉用鶏			
6 週齢時体重	0.3-0.6	飼料消費量	0.5-0.8
8 週齢時体重	0.4-0.5	飼料要求率	0.3-0.5
屠体率	0.4-0.5	腹部脂肪量	0.3-0.8
胸角度	0.3-0.6	耐暑性	0.2-0.3

していた高い能力を受け継ぐ可能性が高くなる．逆に遺伝率の低い形質では，両親の優れた能力は見せかけのものであり，子世代へは期待できない．したがって，ニワトリの経済形質について，それぞれの遺伝率を把握することは重要である．ニワトリにおけるおもな経済形質の遺伝率をまとめてみると，表 4-8 のようになる．個体選抜は，体重，卵重，卵質および初産日齢などの遺伝率の高い形質において効果がある．

一般に，遺伝率の低い形質に対して個体選抜は向かない．また，産卵能力など雌にしか発現しない能力，いわゆる限性形質については，雄の評価が困難である．このような場合，家系選抜が用いられる．家系選抜は，家系の一群の表現型価平均値により，家系内の全個体を選抜することをいう．なお，家系には半きょうだい家系と全きょうだい家系がある．経済形質のなかで産卵率，受精率，孵化率，生存率および抗病性などは家系選抜が有効である．

実用鶏に求められるのは総合的な生産性の高さであることは再三触れているが，優れた実用鶏を作出するためには，上記の選抜に加え，さらに複数の形質を同時に高めながら，種鶏の選抜を進めていくことが必要である．複数形質の選抜には，順繰り選抜法，独立淘汰水準法および指数選抜法がある．

組み込まれる能力――交配

ニワトリの改良の手順は，まず優れた種鶏を選ぶと，つぎにそれらをどのように交配するかに移る．すなわち，選抜手段と交配様式の選択がセットになって積み上げられていく．

交配にはさまざまな方法があり，それらは無作為交配（random mating）と作為交配（nonrandom mating）の２つに大別される．無作為交配とは，集団を構成しているどの個体にも平等に次世代をつくる機会を与え，雌雄の組み合わせについてもまったく無作為に行う交配様式で，さらに，そこには選抜という作業は介在しない．したがって，交配による遺伝子頻度の変化はみられず，また，集団内の遺伝的変異の量も動きがない．これ以外の交配はすべて作為交配となり，雌雄の遺伝的血縁関係を考慮して実施される．交配により生まれてくる次世代は，両親からの遺伝子を均等にもたされており，その組み合わせに応じてさまざまな発現をみせる．この点において，２つの交配になんら相違はない．しかしながら，作為交配はわれわれによってプログラムされたものであり，次世代の誕生にはわれわれの期待が確実に存在している．

遺伝的類縁関係の程度から交配を区別すると，遠縁交配と近縁交配に分けられる．前者は品種以上遠い関係にある個体間の交配で，動物分類学上の分類にもとづく属間交配，種間交配および同一種内の品種間交配がふくまれる．後者は同一品種内以下の近縁関係にあるものの交配をさしている．

家畜の改良という道を進んでいく過程で，選抜と交配は車の両輪のようにたとえられる．実用性の高い交配法を選択するためには，まず選抜について考慮することが必要である．なぜなら，選抜の評価は次世代の継続的な生産によって可能となるが，選び出した個体がまったく子どもを生産しなければ，選抜は行われなかったことを意味するからである．属あるいは種を超えた交配においては，次世代が生産されなかったり，F_1が生殖不能といった現象がみられ，選抜と交配という車輪の進行を止めてしまうことになる．したがって，容易に次世代が生産できることを念頭に実用的な交配を考えるならば，品種間以下の類縁関係にある個体どうしの交配が前提となる．

実用的な交配法を遺伝的に遠い関係から並べた1例を示すと，品種間交配，品種内交配，系統間交配，系統内交配，近交系間交配，近親交配のようになる．なお，系統間交配および近交系間交配においては，同一種内にとどまらず，異品種間においても試みられている．

品種間交配は異なる品種間の交配である．2品種あるいはそれ以上の品種を用いて交配を行うことで，交配にかかわった品種の欠点を補い，それぞれの長所をあわせもつ新たな品種を作出することが期待できる．

品種内交配は同一品種内での交配で，品種のもつ特徴を維持しながら，徐々に能力を向上させていく場合に有効である．

系統間交配は，同一品種内でも血縁的に近い集団である系統間の交配である．家畜における系統とは，集団内平均近交係数10–13%，血縁係数20–25%を示すものと考えられている（猪 1982）．

系統内交配は，系統内で選抜された個体どうしの交配である．優れた遺伝子を短期間で固定することでは後述する近親交配には及ばないが，同時に，今までヘテロの状態で隠れていた劣性の不良遺伝子が急速にホモ化される危険性も少ない．系統内交配の目的は，血縁関係の近い集団のなかで優秀な個体の割合を増加させ，能力を高い値で維持することである．

近交系は近親交配を続けることによって作出され，それらを用いて行われる交配が近交系間交配である．近交系間交配により生産されたF_1は，両親の能力の平均値よりも高い値を示す場合がある．これは雑種強勢あるいはヘテローシスとして知られている現象である．近交系間交配に期待するのは，まさにこの効果である．しかしながら，雑種強勢は遺伝率の低い形質に現れやすく，遺伝率の高い形質にはなかなか現れにくい傾向がある．

近親交配は血縁のとくに近いものどうしの交配で，親子，きょうだい，叔姪，祖孫などのあいだで行われる．近親交配により遺伝子のホモ化が進み，ヘテロの割合が減少していく．近親交配は，優れた遺伝子を速く固定する際に，もっとも有効な交配様式であるが，不良遺伝子のホモ化も同時に進行させ，不良形質が発現してくる可能性が高くなることを考慮する必要がある．また，近親交配を続けていくと，家畜の適応性に関する能力が著しく低下する場合がある．この現象は近交退化とよばれ，結果的に生産性に多大な影響を及ぼすようになることも忘れてはならない．

交配は雌雄の存在があって成り立つものであり，両者の遺伝的な関係により，さまざまな方法が確立されてきた．それぞれの交配にこめたわれわれの意図をながめると，遺伝的に離れた関係にある雌雄の交配には新たなる能力が組みこまれた世代の出現を期待し，さらにその関係がより近くなるにしたがい，家畜に対し能力の維持と固定という遺伝の確実性を求めてきたのである．

結実する能力——実用鶏の完成

選抜と交配という両輪に支えられ前進してきた「改良号」がめざすターミナルは，いうまでもなく実用鶏の作出である．

実用鶏は種鶏より生産され，種鶏と実用鶏は親子の関係にある．種鶏（breeding stock）のもとになるのは原種（parent）とよばれるニワトリたちである．さらに，原種鶏は原原種（grand parent）というニワトリたちからつくられる．この流れのなかでもっとも重要なことは，原種系統にどのような特徴をもたせるかを明確にすることである．原種系統の姿が把握できると，つぎに原種系統に求められる能力を備えたニワトリたちを既存の純粋種あるいは系統のなかから探すことになる．目的にあった複数のニワトリたちを選び出すと交配を行い，かれらの遺伝子が混合された集団ができあがる．この基礎集団にふくまれるニワトリたちを原原種鶏あるいは育種鶏とよぶ．原原種たちには育種目標が課せられ，効率のよい選抜法が選択されると，高い能力をもつ原種系統の造成めざして選抜がはじまる．造成されたいくつかの原種系統は，求める諸能力を最大限に発揮するような実用鶏の作出情報を得るために，組合せ能力（combining ability）が調べられる．組合せ能力は，一般組合せ能力（general combining ability）と特殊組合せ能力（specific combining ability）からなっている．一般組合せ能力とは，交配相手にかかわらず子にその特質を確実に伝える力である．特殊組合せ能力とは，それ自身優れた能力を示さず，また子も一般に劣っているが，ある相手と交配した場合に限って優れた子を生産することができる力である．原種の組合せ能力検定は二元，三元，四元交配を用いることで，総合的な能力が引き出せる交配手順が確立される．実用鶏作出のために原種系統の選択と組合せ能力情報が決定されると，それらの系統をもとに種鶏の増殖がはじまり，養鶏の最前線で働く実用鶏たちの供給態勢が整うことになる．

演出された世界

ニワトリの孵化に要する期間は21日である．孵卵21日目になると，胚はからだを回転させながら，上嘴先端にある小さな破殻歯（egg tooth）で器用に内側から卵殻を破って誕生する．新しい世界で雛を最初に待っているのは，あたたかくやわらかい母鶏の感触ではなく，ブーンという機械音が絶えまなく流れる暗闇である．雛に用意された最初の舞台は，温度37-38℃，湿度60-75%に保たれた孵卵器のなかである．雛は与えられたものにうまく適応していくことが自分を生かす術であることを無意識のうちに理解し，この思考を一生変えることはない．われわれがセットした虚構という世界で生き続けるニワトリたちにとって残された真実があるとすれば，それは唯一，かれら自身のなかに存在している．すなわち，どのような環境におかれても適応しようとするかれらのからだが示す正確な反応である．ここでは，われわれがつくったシナリオを，生来の技量で演じ続けるニワトリたちの一幕を紹介する．

産卵はニワトリにとって次世代を残すための繁殖現象のひとつである．優れた産卵能力は卵用鶏には必須のものであり，かれらはほとんど毎日卵を産み続けることが可能である．ニワトリの祖先と考えられているヤケイたちと比較すると，1年間に自分の体重の10倍以上もの卵を生産する卵用鶏たちの能力は驚異的である．そこには確実な改良の成果が存在していることはいうまでもないが，われわれは別のシナリオも用意していたのである．

ニワトリの産卵は，卵の製造と連産の機構から組み立てられている．卵の製造は，卵巣，肝臓および卵管における各合成活動の集大成である．ニワトリは毎日1個ずつ卵を産み，数日間産卵を続けると1日休み，また産みはじめては休むというパターンをとっている．このとき一連の産卵を連産あるいはクラッチとよび，クラッチの繰り返しを産卵周期という（古賀1966）．クラッチが長く，クラッチ間の休産日数が少ないニワトリほど高い産卵率を記録する．通常，クラッチの第1卵は朝早くに産卵され，しだいに産卵時刻は遅れていき，午後に産卵するようになると，休産日が近いことがわかる．また，ニワトリの産卵は光によって多大な影響を受けている．産卵機能に対する光の作用は2つある．1つは卵巣機能の促進作用であり，もう1つは明暗リズムによる産卵時刻の規制である．一般に，産卵を維持するための1日あたりの照明は13–14時間といわれ，それ以下では産卵率の低下をきたし，また，17時間以上としても効果はないとされている．さらに，産卵期における照明時間の増加は産卵を促進し，減少は産卵を抑制することが知られている．ニワトリを14時間照明，10時間暗黒の明暗リズムにおくと，産卵は明るくなって2–5時間後に集中するが，連続24時間照明の条件下では鶏群の産卵時刻は不均一になってしまう（川崎 1980）．

このようなニワトリの産卵生理をふまえたうえで，われわれは卵用鶏の産卵能力を光線の管理により向上させている．基本的には産卵を開始したニワトリを日が長くなっていくような環境下におき，冬が終わり春に向かっているように意識させるのである．すなわち，産卵を開始した時点で明るい時間を短縮することなく徐々に延長し，17時間となるまで続け，その後は一定になるようにする（後藤 1990）．ニワトリたちは光の刺激を感受すると，体内ではそれに応じ忠実な反応が喚起され，卵巣機能が活性化されることになる．自然日照下におけるニワトリの産卵は，春のような長日下で増加し，秋から冬にかけての短日下では減少し，やがて休産期をむかえる．しかし，ステップアップ照明とよばれるこのような光線管理により，ニワトリは1年中産卵が可能となり，結果的に産卵数が向上することになる．

操られる本能

自然環境下で飼われている雌ニワトリは通常年1回，夏から秋にかけて古い羽毛が脱落し新しい羽毛にかわる，いわゆる換羽を行う．ニワトリの換羽期間は約2カ月で，そのあいだ産卵を停止してしまう（佐藤 1980）．卵用鶏においても，産卵開始後13–14カ月ごろから産卵率が急激に低下し，やがて休産し換羽する．したがって，一般にその時期をめやすに，卵用鶏は廃鶏となり更新される．

換羽と休産は時を同じくして雌ニワトリにみられる現象であるが，換羽が休産の引き金になっているのではなく，休産が先行することにより換羽が起こるのである（田中1980）．休産すると換羽が起こるのは，卵巣の卵胞ホルモン分泌が減少するからであり，卵巣機能の減退と換羽の発現には密接な関係が存在していることがうかがえる．

ニワトリは換羽を終えるとふたたび産卵を開始する．前の産卵期とくらべると，換羽後は卵重の増加が認められるが，産卵率が10-20％減少するといわれている．

われわれは，ニワトリを人為的に休産させ換羽を誘起する強制換羽をしばしば行っている．強制換羽を行う目的は，第一に年間をとおしてよい種卵を供給するため，第二に卵価の高い時期をねらって多く産卵させるため，第三に換羽にともなう休産期間を短縮して生産性向上をはかるため，第四に卵用鶏を2年目も継続して利用するため，である．

強制換羽にはさまざまな方法が考案されており，絶食，絶水，光線管理を併用する方法がもっとも効果的である．強制換羽を開始した最初の2日間は，ニワトリは絶食，絶水で無点燈あるいは8時間照明の環境下におかれる．この期間，ニワトリたちはかなり神経質になり，緑便をしてからだの不調を示すものもみられるようになる．以後，絶食は体重が25-30％減になるまで続け，10日後ぐらいから大雛飼料を少しずつ与え，30日を過ぎると標準量の成鶏飼料に戻す．給水は3日目から十分行い，照明は30日以降から14-15時間にかえる．ニワトリは，開始約3日前後で休産し換羽をはじめ，10日目ごろに換羽がさかんとなり，14日でほぼ換羽を終了する．産卵は強制換羽をはじめてから30-50日でふたたび開始される．

絶食はニワトリの排卵を阻止してしまう．その日に排卵していれば翌日は産卵がみられるが，翌々日からは休産してしまう．それまで成長していた卵胞（黄色卵胞）はどうなるかというと，発育を停止し卵胞閉鎖となり萎縮する．絶食により卵胞閉鎖となるのは，栄養が不足してしまったからではなく，脳下垂体前葉からの性腺刺激ホルモンの分泌が抑えられてしまうからである．

休産は，それまで休むことなく産卵を継続してきたニワトリたちに与えられた安息日であり，正常な生命活動を営むためにはなくてはならないものである．クラッチとクラッチのあいだにある短い休産によって，なんとか長い産卵期を耐えてきたニワトリが，現状を維持することと生命を維持することを秤にかけ決断した結果が，長期休産である．今のところわれわれは，ニワトリとの合意のもとに休産という権利を消し去る術をもたないが，極限の環境下にかれらを追いこむことにより本能の決断を迫り，換羽を強いているのである．

消される本能

鳥類が爬虫類より分かれるきっかけの1つに，うろこが羽毛に変化したことがある．かれらは羽毛が増えるにつれ，体温を発生させ一定に保つ性質，すなわち定温性も発達させた．さらにこの特性を利用して，自分で卵をあたためる習性も身につけるようになった．

ニワトリには一定期間産卵を続けると休産し，卵を孵化させるために巣に就く性質がある．これは就巣性とよばれ，卵を抱きあたため孵化後は雛を育てるという連続した行動をさしている（田中 1966）．ニワトリが就巣すると，抱卵中はもちろん，育雛が終わるまで産卵をやめてしまう．就巣性は，かれらにとっては種を維持するために不可欠な本能ではあるが，経済性を追求するうえでは望ましくない形質である．

就巣性はニワトリすべてにみられる習性ではなく，この習性を発現しない品種も多く観察される．就巣性をもつ品種にプロラクチンを注射すると抱卵するようになるが，就巣性のない品種では抱卵するにはいたらない．このように，抱卵とプロラクチンには密接な関係がある．プロラクチンにより抱卵を誘起されたニワトリの下垂体前葉を調べると，プロラクチン含量が増加しており，ニワトリは下垂体前葉からプロラクチンを継続的に分泌することで抱卵を持続させると考えられている．また，就巣性をもつ品種に育雛行動を誘起しても，下垂体前葉のプロラクチン含量は変化せず，育雛はプロラクチンとは関係がないと考えられている（Saeki and Tanabe 1955）．

では，就巣性をもつものともたないものがなぜいるのであろう．就巣性をもつセキショクヤケイの雌ともたない白色レグホンの雄を交配して得ら

れる雌の F_1 は11.1%が就巣性を示し，その正逆交雑では63%が就巣したと報告されている（Saeki and Inoue 1979）．それぞれの F_1 のZ染色体は，雄の親から伝えられたものであり，この現象は就巣性を支配する遺伝子の一部がZ染色体上に存在していることを示唆している．また，このほか就巣性に関与している遺伝子は，常染色体上にも2, 3あることが知られている．これらのことから，就巣に関与する遺伝子をもたない個体を選抜していくと，比較的容易に就巣性をもたないニワトリを作出することが可能となる．

生産性が低くなるとはいえ，ニワトリにとっては次世代を生産するためには不可欠であった就巣性は，人類が孵卵器を発明し，孵化率の優れた効率のよい孵卵器へと改良していくにしたがい，不要な形質とみなされていった．そして，とうとうわれわれは，ニワトリが自分たち自身で種を維持する能力をも消してしまったのである．想像するに，就巣性はニワトリにとって必ず子孫へ伝えなければならない形質であり，それゆえ少ない遺伝子で確実に発現できるように工夫したのかもしれない．しかしながら，今となってはそのことが就巣性をたやすく消去するための戦略として利用されてしまったのである．

第5章 これからのニワトリ学

ニワトリとヒトの長いつきあいのなかで，今日みられるような優れた能力を備えたニワトリたちが登場してきたのはごく最近のことである．われわれはニワトリのもつ能力を経済性の追求というふるいのみで選り分け，設定した目標へと高めてきた．短期間のうちに，ニワトリたちの能力がその祖先たちとはくらべものにならないほどの水準まで到達しえたのは，改良という目的のもとに結集されたさまざまな研究成果のたまものである．われわれはこれからもニワトリの能力を遺伝的に改良していくために，手段の開発および研究にとりくみ，理想家畜の完成をめざした努力をおしまないであろう．

しかし，ニワトリのもっている能力を引き出し，改良をくわえ，優れた生産性をもつようにつくりあげていく過程で，われわれは功を急ぐあまりなにか大事なものをおき去りにしてきた気がしてならない．

5.1 家畜としての未来

遺伝資源として

ニワトリがヒトと出会い家畜化の道を歩きはじめたその原点に位置するのは，祖先種と考えられているヤケイたちである．ヤケイを出発点とし，人為的な改良を受けた結果，ニワトリには200種あまりの品種が作出された．これだけ多くの品種を生み出させることにわれわれをかりたて熱中させたものは，はたしてなんであったのであろうか．ニワトリは身近で親しみやすく，体型や鳴き声は美しく，また，産卵性や産肉性といった実用性も兼ね備えている．家畜のなかでもニワトリほど広範な目的でわれわれの夢をかなえてくれているものはいない．しかしながら，長い時間をかけて作出されてきた品種が，ふとしたきっかけでまったく顧みられなくなり消えてしまう場合がある，すなわち絶滅してしまうことがある．

改良とは選抜を繰り返す作業であり，そこにはつねに淘汰という決断を迫られる場面が存在している．われわれはそのゲートを的確な情報というパスワードで開きながら，ニワトリに優れた生産性を１つ１つ装備してきた．一方，ニワトリたちは改良というゲートを通過するたびに高い能力を獲得はするが，同時に自分たちのなかに存在している個性を失ってきたのである．

われわれがニワトリの改良に成功したのは，ニワトリたちのなかに存在していた多様性のおかげであり，われわれは目前に並べられたさまざまな形質から経済性というめがねにかなったものだけを選択することができたのである．しかしながら，改良が進むにつれニワトリの品種は限定され，生産性に優れ，斉一性の高い集団へと変化している．今や改良の最前線でニワトリという屋号を掲げたかれらのショウウィンドウには，画一化された高級品しかみられなくなってしまったのである．

消えてしまった品種の復活には，莫大なエネルギーが必要であり，忠実に再現することはほとんど不可能である．これほどまでにニワトリの改良が進展してきたのは，かれらが蓄えてきた遺伝資源が豊富であったからである．今こそわれわれは，かれらに求めるものはいつも多大で，時代とともにうつろいやすいということをはっきりと認識すべきである．将来どのようなニワトリが必要となるかということをつねにシミュレートすれば，おのずと遺伝資源としてのかれらの価値を再評価できるはずである．そして，経済的な価値が低いために消えようとしている在来種や品種が，未来のニワトリをつくるための礎となる日が必ずくることを心に刻む必要がある．

調和を求めて

わが国の農業は家畜に依存した形態で発展してきてはいない．この点で西ヨーロッパの畜産を不可欠とする農業とは明らかに異なっている．わが国の農業における植物生産は，もともと連作に耐えうる高い地力のうえに立脚しており，少ない面積で効率的な生産物を得ることが可能であった．

そのため，地力を維持する目的で家畜の糞尿を積極的に投入することはなく，また，畜力を利用して広大な面積を耕作する必要性もなかったのである．一方，西ヨーロッパでは地力が低いがゆえに，わが国とは対照的に土地・植物生産・動物生産という三者間において，効率的な物質循環系を構築する必要があり，家畜は農業において重要な役割を受けもっていた．

家畜のなかでウシ，ウマ，ヒツジ，ヤギなどは，草食であるために土地依存度が高いとされ，ニワトリ，ブタなどは運びやすい穀物を飼料とするため，土地にあまり依存していない．

養鶏においては，飼料生産を組み合わせた経営をとっていないので，土地に対する依存度はさらに低くなる．かわりに飼料の輸送，飼養環境の確保，および周囲への環境汚染などを考慮しなければならない．さらに，ニワトリは基本的に舎飼いされる家畜であり，飼養羽数が拡大されるほど施設の充実は必要となってくる．したがって，養鶏の場合，自然立地条件よりも経済的および畜産公害などの条件に制約を受けることになる．また，養鶏は飼料の大部分を輸入穀物にたよる加工型畜産とよばれ，はじめのころは消費地に近い都市近郊においてさかんとなった．しかし，大羽数飼養にともない，排泄物の発生量も増加し，畜産公害の原因として問題となったため，都市近郊から移動することとなった．養鶏が新天地でめざしたのは，無公害型の施設とさらなる規模拡大であったが，両者のバランスが持続するはずはなく，環境問題は依然として大きく横たわっている．

この現状はニワトリにかかわる者としてけっして避けられない重要な課題であり，将来的にニワトリの生産性向上と等しくとりくまなければならない問題である．われわれが環境に及ぼす影響に対し配慮がなかったわけではないが，結果的にこのような現状を招いたのは，いかにニワトリの能力を引き出すかに集中するあまり，環境を無尽蔵の資源と過信しすぎていたことによるのではないだろうか．これからの養鶏は生産性を維持し高めることはもちろんであるが，その代償として環境を犠牲にするようでは未来というものはなく，自然の物質サイクルをうまく利用できるような能力をニワトリのなかに見出していくことも必要ではないだろうか．

5.2 ニワトリ研究の未来

研究素材として

動物実験とは動物を用いて行う試験のことであり，その進歩は医学，生物学の分野にとどまらず，ほかの学問領域においてもめざましく，今日のわれわれの繁栄を支えている大きな要因の1つである．

動物実験に要求されるものはつねに信頼性の高いデータであり，そのために実験では環境条件を一定に設定し，供試する動物たちの同一処理に対する反応が同じであることが重要である．動物は年齢，性別，健康状態および飼養条件などが異なると，1つの処理に対してさまざまな反応をみせる．したがって，まず同じ生理的資質をもつ動物をいかに選択し，実験に供するかが肝要となる．動物に生理的斉一性を求める手段の1つに，その遺伝的バックグランドの統一をはかる方法がある．すなわち，近親交配を繰り返すことにより，集団を構成している各個体の遺伝子型を同じにし，実験データを考察する際，できるだけ遺伝的な影響を排除するのである．いいかえれば，遺伝的に均一な個体群を用いるからこそ，実験の精度が高まり，実験結果に影響を及ぼした要因について正確な解析が行えるのである．

一般に実験動物といえば，マウス，ラット，モルモットやウサギなどがすぐ想像できる．このうちマウスやラットにおいては，全きょうだい交配を20世代以上続けることで，遺伝子型のホモ化が96%以上となり，結果的に共通の生理的特徴を有する集団ができあがり，近交系とよばれることになる．遺伝的にいかに強いコントロールを受けたかは，優れた実験動物としての1つの証明である．ニワトリもこれまでの改良の過程において，さまざまな遺伝的制御を受けてきたことは事実ではあるが，実験動物に比較すると，その程度は低すぎるものである．

家畜を人間の管理下で繁殖可能な動物と定義すると，実験動物も家畜である．一方，ニワトリは生産性の追求という使命がいつも課せられ，優れた経済性を示す産業家畜の代表であると同時に，種々の動物実験にも用いられている．しかし，前述のような理由で，マウスなどの実験動物と同じレベルに達したものはごくわずかである．実験用ニワトリの用途は，生産性にかかわるテーマを基本に，生産生理機構の解明などニワトリそのものに関する研究が主である．さらに，これに有精卵を用いたワクチンの製造および開発が加わる．また，ヒトへ応用するための実験の対象としては，少ないのが現状である．このようなことから，今のところニワトリは実験動物というより，実験用動物とするほうがふさわしい．

ニワトリ学の可能性

バイオテクノロジーとは，バイオ（生物）とテクノロジー（工学）を合わせた言葉であり，そのまま生物工学と訳される．しかし，この用語はわざわざ日本語にするまでもなく，むしろバイオテクノロジーとして用いたほうがイメージされやすい．理解の程度に差があったとしても，そのまま社会に受け入れられた言葉であるといえる．それを裏づけるかのように，最近のバイオテクノロジーの発展はますます勢いを増している．

畜産におけるバイオテクノロジー，とくに遺伝子を扱う技術は，細胞生物学や発生学などの研究と組み合わされて，もっともホットな戦略を生み出し，現在多くの研究者をひきつけて離さない分野である．なかでも哺乳類家畜においては，クローンヒツジの誕生が契機となり，体細胞の核移植技術によってクローンウシの生産が国内でも数多く報告され，この分野の可能性を革新的に高めつつある．また，胚操作と遺伝子操作を併用したトランスジェニック（Tg）技術は，外来遺伝子を効率よく動物に導入することにより，クローニングされた遺伝子の機能を解析するモデル個体を作出するだけでなく，家畜の分野においても大きな可能性を提示している．すなわち，従来の家畜改良に費やされる時間を大幅に短縮した品種改良，有用物質の大量生産，新たな実験動物の作出，さらにはヒト移植用の臓器の開発といった夢を可能にしようとしている．くわえて，遺伝子およびDNA マーカーの染色体上の位置を決定するマッピングや遺伝子の塩基配列を明らかにするシークエンスの作業も着々と進行しており，家畜種ごとに組織されたゲノムプロジェクトは驚くべきスピードでそのゲノム情報を集積している．

一方，ニワトリについてながめてみると，ウシやブタなどの哺乳類家畜をかなり後方から追いかけているのが現状である．しかし，逆の見方をすれば，ニワトリを対象とするこれらの研究は，今後とりくまなければならないより多くの課題が残された処女地であり，まだまだ未知の可能性を秘めた魅力ある領域ともいえる．そこで以下の項では，これからのニワトリ学を担うであろうと考えられるいくつかのテーマについて述べてみたい．

遺伝子導入とニワトリ学

ニワトリは小型で，集団で飼うことに適しており，また，世代の回転速度が比較的速いことから，改良上ウシやブタなどの家畜にくらべ，集団遺伝学を基礎とした育種理論を比較的スムーズに導入することが可能であった．このことは，われわれが描いた理想家畜へとニワトリを短期間のうちに近づけていく大きな原動力となった．ニワトリは家畜のなかでも，改良という道を走り続ける優れたランナーにちがいないが，われわれはニワトリに対して，さらなる能力の向上と改良期間の短縮を求めて模索しはじめた．

それらを達成するためにたどり着いた１つの施策が，遺伝子導入である．すなわち，目的とする形質をコントロールしている遺伝子を直接染色体に組みこみ形質転換させたニワトリ，いわゆるTgニワトリの作出をめざしはじめたのである．Tgニワトリにかけるわれわれの夢は，これまでと同様に生産能力や抗病性などの改良を推し進めることだけでなく，ニワトリを畜産という範疇から新たな分野へ向けてデビューさせることにある．すなわち，ニワトリを高性能なタンパク質生産工場としてとらえ，遺伝子を導入することで有用物質を生産させ，それを卵に梱包させたうえで回収しようとしている．われわれは，これまでニワトリが祖先より渡されたプログラムを試行錯誤を繰り返しながら穏やかに修正し，ゆっくりとかれらを理想家畜へと近づけてきた．しかし，今やそのプログラムに新たな行を追加することで，かれらをいっきにスーパーアニマルに変身させようとしているのである．

家畜における遺伝子導入の目的は，有用外来遺伝子を動物の生殖細胞に組みこむことであり，これによりその個体は子孫へと確実に導入遺伝子を伝える能力を付加されることになる．そのためには初期胚をいかに自由に操作できるかが重要であり，まず胚の培養法を確立することが必須の条件となる．しかしながら，ニワトリの胚は大きさ1つをとっても哺乳類と異なり，先行していたウシやブタなどの技術をそのまま利用するわけにはいかなかった．ニワトリにおいて，卵子を体外で培養し個体まで発生させることにはじめて成功したのは1988年である（Perry 1988）．さらに翌年，その培養法を用いて，はじめてマイクロインジェクションによる遺伝子導入についての報告がなされた（Sang and Perry 1989）．これは，成長ホルモン生産遺伝子を導入された大型のマウスが作出されてから，7年後のことである．

現在，ニワトリにおける遺伝子導入法は，マイクロインジェクション法，レトロウイルスを利用する方法，胚盤キメラ法，始原生殖細胞移植法などが一般的であり，このほか遺伝子のベクターとして精子を用いる方法が試みられている．

マイクロインジェクション法は，遺伝子DNAを受精時の雌雄両前核が融合する前に前核内に注入するやり方であるが，ニワトリにおいては，胚盤内の核を顕微鏡下で確認するのが困難であり，直接細胞質内へと注入することにより，実施されている．その結果，初期胚においては脳，神経管，心臓，血管および胚体外膜で導入遺伝子の発現が確認され（Naito *et al.* 1991），細胞質への注入でも染色体にとりこまれる可能性が示された．また，生殖細胞に遺伝子が導入され，子孫に伝えられたという報告もある（Love *et al.* 1994）．ほかの家畜をみても，これまで作出されたTg個体のほとんどはこの手法を応用した結果であり，実用の可能性がもっとも期待される方法である．

レトロウイルスを利用する方法は，まずウイルスに目的とする遺伝子を組みこみ，さらに，ウイルスが細胞へ感染する能力をかりて，対象動物へと外来遺伝子を導入する手法である．ニワトリでは，放卵直後の胚の胚盤葉腔にベクターウイルスを注入し，その後培養するという，きわめて簡単な操作である．これまで成長ホルモン遺伝子の発現が確認された例（Souza *et al.* 1984）や，外来遺伝子が生殖細胞に組みこまれ子孫に伝えられた例（Salter *et al.* 1986, 1987）が報告されている．しかしながら，実際に生殖細胞への導入まで達成される可能性が低いこと，ウイルスに組みこめる遺伝子の大きさに限界があること，感染した細胞内でウイルス自身の遺伝子も発現してしまう可能性があること，あるいは導入個体より増殖したウイルスが放出される危険性があること，などかなりの問題点が残されている．

からだ全体に白い羽をもつ白色レグホンの羽装のある部分に，横斑プリマスロックの縞模様の羽やロードアイランドレッドの褐色の羽を発現した個体の作出が，報告されている（Marzullo 1970; Petitte *et al.* 1990）．ギリシャ神話でライオンの頭，ヒツジのからだ，ヘビの尾をもつ怪獣キマイラと同じ，いわゆるキメラ個体である．このニワトリの羽装キメラは，ホストである白色レグホンの胚に，横斑プリマスロックあるいはロードアイランドレッドの胚の一部をドナーとして注入する胚盤キメラ法によって作出された．キメラ作出において大きな課題は，ホスト胚の細胞数にくらべ，注入できるドナー細胞がきわめて少ないことであり，そのためこれまで同法における成功例の報告は少ない．ましてやキメラ個体をTgニワトリへと変身させるためには，まずドナー細胞へ遺伝子導入することが前提であり，今後さらなる展開が求められている．

そこで，キメラによるTgニワトリの作出に一条の光を与えたのが，始原生殖細胞（PGC）をドナー細胞として利用する方法である（Wentworth *et al.* 1989; Nakamura *et al.* 1992; Ono *et al.* 1996, 1998）．PGCは生殖組織のもとになる細胞であり，発生過程において，胚の生殖巣原基をめざして移動するという特徴をもっている．もしPGCに効率よく遺伝子を組みこむことが可能になれば，同時に次世代へもそれが伝えられることが約束されることになる．

Tgニワトリはわれわれにとって画期的な動物であり，その利用ははかり知れない可能性を秘めているが，今後，作出に関連するさまざまな技術改良や開発が必要であることはいうまでもない．とくに，ほかの家畜にくらべ胚培養技術の確立が遅れたニワトリにとっては，かなり厳しい状況であることはまちがいない．しかし，ウシやブタにおいて，初期胚操作以後は母体に戻さなければTg個体が完成できないという現状とくらべると，遅れたとはいえ，孵化までの体外培養系が完全に確立されたニワトリは，きわめて有利な状況にある．さらに，導入される遺伝子は，種を超えて利用することが可能であることが，この技術の最大の利点である．このように考えると，ニワトリ学がこの分野でほかの家畜に追いつき，新たな輝きを放つようになるのは間近であり，安全性や倫理の面で，まだ多くの問題を抱えてはいるが，将来的に興味深い領域である．

染色体とニワトリ学

はじめて顕微鏡下でニワトリの中期像にめぐりあったときの感動は，いまだに忘れることができない．ギムザ染色された中期細胞は，低張処理を施され大きく円状に広がり淡いピンク色を呈し，そのなかに薄紫に染められた大小さまざまな染色体がちりばめられている．濃染した赤血球の核と細胞周期のなかで中期にいたらず細胞質に丸い核を蓄えたままの白血球細胞しか見当たらないプレパラートに，ようやく中期像を確認したとき，そこだけ急に光源が凝縮するように思え，レボルバーをまわす手が震えた．

動物の染色体研究は，押しつぶし法から血液培養法に移行したことで，劇的に改善され，その後加速度的に発展した．しかしながら，ニワトリは赤血球が有核であるため，哺乳類のようにそのまま全血培養を行うことはできず，さらに，一工夫必要であった．すなわち，ニワトリの場合，採取した血液からいかに白血球だけを効率よく集めるかが，培養の成否を左右したのである．この問題は血液分離剤，あるいは低速の遠心分離によって，ほどなく解決された．ニワトリの染色体像が鮮明になってくると，今度は微小染色体の存在が，またもや研究の進展をさまたげることになる．ニワトリの78本ある染色体のうち，約4分の3を占める微小染色体は，ギムザ染色では個々の識別は不可能であり，また，染色体の同定あるいは構造解析のために開発された分染法すらも，受けつけなかったのである．そのためニワトリの染色体研究は，おもに10対程度の大型染色体に限られてきたのが現状である．

現在，ニワトリの染色体研究がめざすところは，詳細な染色体地図の作成である．ニワトリの染色体地図が完成されると，その情報は改良に利用されることはいうまでもないが，ニワトリの成立や生命現象などの解析にきわめて重要なものとなる．

ニワトリは，われわれの描いた交配計画を比較的容易に導入できる家畜であり，このことは遺伝形質の連鎖関係を明らかにするうえで非常に有利であった．ニワトリにおいてはじめて連鎖群が報告されたのは，1936年である（Hutt 1936）．その後，DNAマーカーを用いた連鎖地図が報告されると（Bumstead and Palyga 1992），連鎖地図は堰を切ったように整備されてきた．しかし，近年のゲノム解析の強力なサポートのもとに増大し続ける連鎖情報とは対照的に，それらを染色体上に展開しようとする物理地図の作成は，遅々として進んでいない．

染色体地図の作成は，まずクローニングされた特定遺伝子，あるいは有効なDNAマーカーの存在があって，はじめて染色体上へのマッピングが可能となる作業であり，染色体の分野は，どちらかといえば受身の立場にある．たとえば，目的とするDNA配列が染色体上のどこに位置するかを決定するマッピングは，近年開発された蛍光*in situ*ハイブリダイゼーション（FISH）法によって，スピードアップされようとしている．ニワトリにおいては，松田洋一博士らの研究グループが，R-分染法とFISH法を組み合わせたダイレクトR-バンディングFISH法によって，多くの機能遺伝子をニワトリの染色体上へとマッピングすることに成功している（Suzuki *et al.* 1999a, 1999b）．

しかし，配偶子形成時の減数分裂において，微小染色体の行動をみてみると，小さいにもかかわらず，高い頻度で染色体組換えが起こると推測されている．したがって，組換えによって染色体の端にマッピングされたマーカーが連鎖群より離れてしまい，それらをシンボライズできないと懸念されている（松田 1999）．ニワトリの核型の特徴である微小染色体の存在は，ここでもわれわれの手を執拗に振り払おうとしているのである．

さて，この問題が解決されないかぎり，ニワトリの染色体地図の全貌を知ることは不可能である．考えてみると，その原因はわれわれが微小染色体の同定を完全に行えていないことに帰着する．すなわち，われわれは微小染色体の姿はとらえていても，その顔はまったく知らないのである．今こそ，染色体地図作成において，どちらかといえば受動的な立場にある染色体の分野は，逆に積極的に動き出す必要があるのではなかろうか．これまでニワトリにおける染色体研究は，その形態解析が中心であり，さまざまな観察法あるいは分染法を導入してきた．しかしながら，それらの手法の精度をいくら向上させたとしても，染色体から得られる情報というものには限界を感じる場合が多い．

私は染色体研究にたずさわるものとして，個々の染色体をDNAの構造物としてとらえ，過去から現在にいたるまでその情報をどのように変化，あるいは死守してきたかを考えると，どうしても染色体の内部を探りたいという衝動にかられる．微小染色体群についても，与えられた情報をあてはめることでそれらの顔を描くのではなく，それらから直接情報を切り取って顔をつくることも，積極的に進めることが重要であると考える．

これからの染色体研究は，これまで一定の流れでしか情報を許容しなかった分野に新たな情報のラインを敷き，ニワトリ学をさらに発展させる可能性をもった領域なのかもしれない．

QTLとニワトリ学

これまでわれわれはニワトリの経済性にかかわる形質，すなわち産卵能力，産肉能力，繁殖能力，強健性などの量的形質をいかに高めるかに心を砕き，さまざまな改良を試みてきた．量的形質におけるニワトリたちの能力は，つねにある範囲をもって発揮されるために，その評価は高い・低い，多い・少ない，優れている・劣っている，強い・弱い，などといった言葉でしか表現できなかった．質的形質においてはけっしてみられないこの曖昧さの1つの解釈として，われわれは量的形質の環境に対する感受性の強さを指摘した．

さらに，関与する遺伝子の多さ，すなわちポリジーンを強調することによって，改良のむずかしさまで弁明してきた．いわばポリジーンという実体の把握が不可能な要因を前面に出すことで，本意ではないにしろ，量的形質の発現の根源に肉薄することを避け続け，また，技術的にみても，その術をもたなかったのである．結果的にわれわれに残された道は，ニワトリの生理的特性を重視しながら，その量的形質の表現型値をもとに，集団遺伝学の力をかりて，穏やかにかれらを理想家畜へと導くことだった．

最近の家畜育種の分野において，量的形質遺伝子座（quantitative trait loci; QTL）という用語をよく耳にする．QTLとは，量的形質を制御している多数の遺伝子のことをさし，基本的にはポリジーンとほぼ同じ意味をもっている．しかしながら，冷静に2つの用語をくらべてみると，けっして相容れない部分が存在しているように思える．すなわち，両者とも多数の遺伝子を包括してはいるが，QTLにおいては座（loci）という単語が付加されることにより，ゲノムのなかでの位置を明らかにしようとする，われわれの強い意思がふくまれているのである．QTL解析の名のもとに今，われわれはニワトリゲノムという大海原へ，QTLが存在する小島を求めて，まさに船を漕ぎ入れたのである．

量的形質遺伝子座を遺伝的に解明しようとする作業であるQTL解析は，現在ニワトリゲノムについて行われている連鎖解析，染色体地図の作成，遺伝子マーカーの作出などの情報がすべて結集されて，はじめて可能となる．それは，ニワトリ学のなかでももっとも遠大なプロジェクトである．QTL解析により，経済形質に影響を与えているQTLとDNAマーカーの染色体上での位置，すなわち連鎖関係が明らかとなれば，重要な形質を支配しているQTLの近傍にあるDNAマーカーを指標に，ニワトリの改良が可能となる．いわゆるマーカーアシスト選抜（marker-assisted selection; MAS）という新たな道が開けるのである．

これまでのニワトリにおける連鎖解析は，おもに質的形質を対象に行われており，QTL解析のための連鎖地図の作成は，かなり遅れているのが現状である．これは，ニワトリにおいてQTL情報が十分でなく，また，それと連鎖するDNAマーカーが少ないためである．現在，ニワトリにおいて，QTL解析のための家系（リソースファミリー）造成がわが国の研究機関においても着手されはじめており（表5-1），近い将来，経済形質を支配しているQTL情報が整備されるものと思われる．とはいえ，解析用の家系のもとになる親世代には，量的形質およびDNAマーカーにおいて，それぞれ明確な相違が求められる．そのためには，さまざまな品種を用いて，目的とする形質のデータを集積し，マーカーのタイピングを行い，その結果，QTLに連鎖したマーカーが決定できるという，膨大な仕事をかたづけなければならない．

さて，ニワトリにおけるQTL解析ははじまったばかりで，今後完成されるであろうDNAマーカーにかける夢はふくらむばかりである．はたして，DNAマーカーによる選抜が既存の選抜法より効率的であるのだろう

表 5-1 わが国におけるニワトリ QTL 解析用家系（都築・山本 1999）

家系名または造成機関	両親品種	家系の種類	標的形質
広島大学	大シャモ♂ 白色レグホン♀	F_2	成長形質各種 繁殖形質各種 卵形質各種 肉関連形質各種
家畜改良センター	①白色レグホン♂ ロードアイランドレッド♀ ②大シャモ♂ 白色プリマスロック♀	F_2	卵殻強度 腹腔内脂肪量
兵庫県農業技術センター	薩摩鶏♂ 白色レグホン♀	F_2	体重成長
高知県畜産試験場	小地鶏♂ ロードアイランドレッド♀	F_2	産卵率 卵形質各種

か．現在，それに対して明確に解答を出すことは不可能である．量的形質を支配している遺伝子をポリジーンとしてとらえ，個々の遺伝子に注目するより，それらすべてが統合された結果，能力が発現されると考えて実施してきたトラッドな選抜法に対して，QTL が新たな選抜法としておきかわれるのか，これからの QTL 解析の進展を待つしかない．

終わりのない旅

ニワトリに関してどのような研究が行われているかは，日本畜産学会および日本家禽学会から発行されている学会誌を参照すると，おおよそ把握できる．両学会誌では，ニワトリだけでなくウズラ，七面鳥，アヒル，また，最近ではダチョウ，エミューなどを対象とした研究成果も報告されている．その研究分野は，育種，遺伝，繁殖，生理，形態，栄養，飼養，畜産物の利用，管理および経営など多岐にわたり，多くの研究者がさまざまなテーマをとりあげ，鳥類家畜について基礎から応用にいたるまで，広角的に研究を行っている．ここでニワトリの研究について１つ１つ紹介することは，いくら紙面を費やしても甚だ困難であり，また，その魅力を語るにいたっては，研究者本人をおいて，ほかに能う者はいない．

ヒトとニワトリの歴史をふりかえると，われわれがニワトリを科学的に理解しようと思いたってから，まだほんとうにわずかな時間しか経過していないことに気づく．そのあいだ，ニワトリから得られた情報を多いと受けとるか，少ないと受けとるかはそれぞれであろうが，かれらのなかに，あとどれだけ秘密が隠されているかは，だれも推測すらできないであろう．おそらく永遠に解けない命題かもしれない．これまでニワトリの研究という過程のなかで，われわれは新しい理論や技術を導入することで，目前の難問をなんとか解き明かしてきた．今やわれわれは，DNA という生命の根源をなす物質を解析する技術を用い，まさにニワトリの本性に迫ろうとしている．いずれわれわれは，ニワトリのすべての DNA 配列を手中におさめるであろう．しかし，そこに存在しているのは，ゲノム解読という新たな，そして今までにない遥かな旅のはじまりかもしれない．ニワトリの研究とは永遠に終わりのない旅である．

補　章　最近のニワトリ学の動向

生物の遺伝情報をすべて解読しようとする研究は，1980 年代にはじまった．ヒトゲノムプロジェクトは 1984 年に立案され，2000 年にドラフト解読，続いて 2003 年に完全解読が発表された．ニワトリにおいては，その 1 年後 2004 年，Nature 誌に 3 つの論文（ICGSC 2004; ICPMC 2004; Wallis *et al.* 2004）が発表され，ドラフト配列が明らかとなった．このニワトリの研究成果は，鳥類では，また家畜においても最初のものであった．先の 3 つの論文では，

①ニワトリゲノムは，約 10 億塩基対で構成されており，これはヒトゲノムの 3 分の 1 の長さである．
②ヒトと鳥類は，およそ 3 億 1000 万年前に共通の祖先から分かれた．
③セキショクヤケイとニワトリの比較解析によりゲノム中に約 280 万個の一塩基多型（single nucleotide polyporphism; SNP）が存在する．

などが述べられている．これらの遺伝情報は，進化生物学，発生生物学，分子生物学，さらには畜産業の発展に大きく貢献するであろうことは疑う余地はない．

さて，ニワトリゲノムの解読が完了したのは，本書が出版されて 2 年後であり，現在はさらなる時間が経過している．ニワトリ学をとりまく環境もゲノム解読を契機に大いに変貌してきているのは事実である．補章では，ニワトリゲノムをキーワードに第 5 章までの内容で説明が不十分だった点および新たな知見について紹介できたらと思う．

補.1 ニワトリゲノム

ゲノム（genome）とは，遺伝子（gene）と染色体（chromosome）の2つの用語，またはgeneと-ome（総体）からなる造語である．1920年，ドイツのハンブルク大学の植物学者ハンス・ウインクラー（Hans Winkler）がはじめて用いたとされている．当時，遺伝子の本体がDNAであることはわかっていなかった．そのためゲノム研究の対象は，光学顕微鏡を用いた染色体が主体であった．ゲノムの実体は，みなさんご存じのとおり，デオキシリボ核酸（deoxyribonucleic acid; DNA）というアデニン，グアニン，シトシン，チミンという4つの塩基から構築されている物質である．ゲノムは，配偶子形成の際，減数分裂が起こり半数染色体を受け継いだ精子あるいは卵子に託されたDNAのことである．体細胞においては，配偶子と異なり2倍体であるので，2セットのゲノムが存在することになる．ニワトリの染色体数は，常染色体38対および性染色体1対（雄ZZ，雌ZW）の合計78本であり，これらの染色体に2セットのゲノムが収納されている．

現在，おもな家畜のゲノムの全塩基配列は明らかにされている．家畜における総塩基数（ゲノムサイズ）を比較してみると，哺乳類家畜が25–30億塩基対であるのに対し，ニワトリは3分の1の塩基数である．その他，ヒトのゲノムは30億塩基対，マウス33億，肺魚1100億，カイコ43億およびショウジョウバエは1.8億と，ゲノムサイズは多様であり，地球上の多様な生物は，それぞれ固有のゲノムを受け継ぐことで種をつないでいる．当然，ゲノムサイズが大きいから遺伝子の数の多い複雑な生物であるとは断言できず，ゲノムサイズの多様性は塩基の変化する突然変異が長い進化の時間の流れで蓄積されていったものだと考えられている．

ニワトリのゲノムについてもう少しみてみると，ニワトリの遺伝子数は2万–2万3000と見積もられており，ヒトの遺伝子数2万2287とほぼ同じであり，ヒトの遺伝子と比較してみると脊椎動物として共通に保存されている遺伝子の存在が示唆されている．また，ゲノムサイズが少ないことの理由として，ニワトリゲノムには，反復配列（repetitive sequence）が少ないこと，偽遺伝子（pseudogene），分節重複（segmental duplication）

および遺伝子重複（gene duplication）の頻度の低さが考えられているが，すべてを説明するにはいたっていない．さらに注目したいのは，Nature 誌の3つの論文の1つ，International Chicken Polymorphism Map Consortium によって報告された約280万個を超えるSNP情報である．これらはニワトリの遺伝形質の特定や育種改良するうえできわめて重要である．

補.2 DNA多型

多型（polymorphism）という用語の意味するところは，種内あるいは集団において本来同一であったものが，個体間で異なる様を示すことである．生物において認められる多型には，表現型多型（phenotypic polymorphism）および遺伝的多型（genetic polymorphism）の2つがある．前者は生物の形態，色，大きさあるいは機能などの外から観察できる形質に出現する変異である．メンデルが扱ったエンドウの花の色，種子の特徴やニワトリの鶏冠のタイプ，羽色などが含まれる．一方，遺伝的多型は，同種や同一品種などの1つの集団に2つ以上の遺伝的に決定される不連続な型が存在し，つねにある比率で集団中に維持されている状態のことであり，染色体，血液型，タンパク質・酵素およびDNAなどのレベルにおいて確認することができる．

メンデル集団において，ゲノムの実体であるDNA塩基配列の一部に突然変異が起こり，個体間のDNAに多様性が生まれると，そのDNAの一部すなわち当該座位（locus）と異なる新たなアリル（allele）が集団に共在することになる．この段階では集団に変異が生じただけで，この現象を遺伝的多型と称するのは拙速すぎる．集団において，ある座位にアリル（対立遺伝子という場合もある）が2つ以上確認され，それが世代を超えて受け継がれていくと遺伝的多型，ここではDNA多型として解釈できる．さらに言及すると，新たなアリルの集団内での頻度が1%以上（5%以上という場合もある）を占めるような状態に到達したとき，変異という現象が多型として認識されることになる．一般に突然変異で生じたアリルは，DNA修復機構などが働き消滅する可能性は高く，塩基配列上に出現する変異ははかないものである．

DNA 多型はゲノム全体に分布しており，全塩基配列あるいは一部の塩基配列を確定し，個体間でその塩基配列を比較することにより得られる情報である．DNA 多型には，塩基の繰り返し配列の長さが異なるもの（マイクロサテライト，ミニサテライト），一塩基が変化したもの（SNP）および塩基配列が挿入（insertion）あるいは欠失（deletion）したものがある．これらの多型は膨大な長さのゲノム上にランダムに分布しており，一見すると殺風景な DNA 配列のなかで淡い光を放つ道標である．

家畜の育種改良に携わる研究者たちがとくに注目した DNA マーカーは，マイクロサテライト DNA と SNP であった．これは両者が家畜や家禽の量的形質を追究する遺伝学の研究において，量的形質遺伝子座（quantitative trait loci; QTL）のランドマークへと変貌する潜在性があったからにほかならない．

マイクロサテライト DNA は，2 bp ないし 4 bp 程度を 1 単位とする繰り返し配列 DNA であり，ゲノム上に頻繁に確認されている．マイクロサテライトはその座位において，数十回以上の繰り返しをもつ多数のアリルが検出される場合があり，親から子へ共優性なものとして伝えられる．マイクロサテライトは，DNA から PCR 法により増幅し電気泳動により検出することが可能である．一方，SNP は 1 つの塩基が異なる塩基へと置換されることによって起こるため，ほとんどが置換前と置換後の 2 つのアリルから構成される．ゲノム上で SNP は，数百から数千塩基に 1 個の割合で推定されており，ゲノムあたり数百万から 1000 万個存在していると見積もられている．ニワトリにおいても，前出のとおり約 280 万個の SNP が同定されている．両者を比較すると，1 座位におけるアリルの数ではマイクロサテライトのほうが多く，多型座位から得られる情報もより詳細になると考えられる．しかし，塩基配列の長さの違いに起因するマイクロサテライトのアリルは，長いがゆえに突然変異率が高くアリルが変異しやすいという不安定さがある．2 つのアリルだけで多型の程度が低い SNP は，1 座位の情報量が少ないことは否めないにしても安定しており，同定がシンプルであるがゆえに統計的に情報を処理することに適している．ゲノム全体にどれだけ存在しているかというと，マイクロサテライトは約 10 万個と推察されており，SNP に比較するとはるかに少ない．

補.3 QTL 解析

ニワトリの改良対象となる能力は経済形質ともよばれ，産卵能力，卵質，産肉能力，繁殖能力，飼料利用性および強健性などがある．われわれは，これらの形質について消費者のニーズおよび社会の経済動向を加味して将来のニワトリの理想像を描く必要がある．さらにニワトリを遺伝的に評価する際には，その能力が優れていることと同時に，後代にどれだけ能力を伝えることができるかが重要である．その手法の1つとして，一般に育種価（breeding value）という値が用いられる．育種価は，遺伝子のもつ加算的効果すなわち相加的遺伝子効果の和として定義されている．これは親から子へと伝えられるのは遺伝子であって，遺伝子型ではないという考えにもとづいている．また育種価は，評価したいニワトリについて多くの血縁個体の経済能力成績である表現型値（phenotypic value）から年次，季節および農場などの環境の影響を排除して算出され，個体間の遺伝的能力の違いを正確に比較できる値である．

経済形質のほとんどは量的形質であり，関与する個々の遺伝子の効果は小さく，いわゆるポリジーン（polygene）によってコントロールされている．経済形質を支配している遺伝子座の染色体上の位置を同定することが可能になると，改良を効率的に実施することができる，という考え方がQTL 解析のはじまりである．QTL 解析を支えたのは，DNA マーカーの開発とコンピューターの発展である．

QTL 解析は，DNA マーカーと表現型との関係を探ることである．たとえば，ニワトリにおいて表現型の異なる2つの品種（A およびB）を想定してみよう．改良鶏は，われわれが産業的利用を目的として社会に貢献する方向へと改良した結果，品種として成立している．ここでA 品種はB 品種と比較して産卵数に優れているとする．両品種のゲノムを比較するとおそらくDNA マーカーが存在しているはずである．検索できたあるDNA マーカー座位のアリルがM とm で，A 品種の遺伝子型はMM，B 品種においてはmm であったとする．両品種を交雑してF_1を作出し，F_1どうしの交配からF_2が100 羽得られたとする．DNA マーカーはメンデルの法則にしたがって子孫へと伝えられているので，理論的にはMM，

Mm および mm がそれぞれ 25 羽，50 羽，25 羽となると予想される．そこで 3 つの遺伝子型の平均産卵数を調べたところ，すべて同じで 75 個であったとした場合，DNA マーカー M は産卵数とは関係がなさそうである．さらに DNA マーカー N について同様に調べてみると，NN100 個，Nn75 個，nn50 個だったとすると，平均産卵数の差が遺伝子型と関連があるように推察できる．つぎのステップは，3 つの集団の平均値の差が有意なものかどうか統計学的に検定することになる．最終的に平均値の差が偶然に生じたものでなく，明らかな差であると判定されれば，染色体上の DNA マーカー N の近傍に産卵数の QTL が存在すると推察される．すなわち DNA マーカー N と産卵数に関与する QTL が連鎖していると期待がふくらむのである．

ニワトリの QTL 解析に最初に用いられたのはマイクロサテライトマーカーであった．マイクロサテライトマーカーを利用して QTL を探索するには，まず親，F_1 および F_2 から構成される資源家系を準備する必要がある．つぎに家系 3 世代の各個体から目的とする経済形質の情報を収集する．同時に各個体からは DNA を抽出し，PCR 法によりマイクロサテライトの増幅を行う．得られたマイクロサテライトは，配列を決定したのちアリルの存在を確認し，マーカーとして有効性を判断する．さらにマイクロサテライトマーカーは世代間でメンデルの法則にしたがっているかを見極めておく必要がある．最後に F_2 個体の量的形質のデータとアリルの関与の程度を明らかにするために，QTL 解析ソフトの導入されたコンピューターにそれらを入力し解析を実施する．ニワトリの QTL 解析には，F_2 集団の個体数は 200 以上，マイクロサテライトマーカーの数は 100 以上必要であるとされる．国内においてこれまでマイクロサテライトマーカーを利用した QTL 解析については，ニワトリの成長，産卵性および産肉性にかかわる QTL が報告されている（Sasaki *et al*. 2004; Tsudzuki *et al*. 2007; Takahashi *et al*. 2009; Rikimaru *et al*. 2011）．

しかし，現在のニワトリにおける QTL 解析の現状をみると，DNA マーカーの主流は，マイクロサテライトマーカーから SNP マーカーへと移行している．QTL 解析におけるマイクロサテライトマーカーは技術的には確立されており，またニワトリゲノム情報の公開以降，ゲノムに網羅的に存在していることが明確となり，候補マーカーを容易に検索できるという優位性はあるが，その数は約 10 万個と推計され，圧倒的に SNP より少ない．また，1 世代でも経過すると変異してしまう可能性が高く，その不安定性がある．さらに，ある家系で QTL に関与しているとされたマーカーが，ほかの家系では利用することが困難であることが指摘され，実用的な改良に貢献できない可能性が懸念され始めた．一方，SNP マーカーはゲノム上に多数存在しているとはいえ，複数個体の塩基配列を比較する必要があり，マーカー作出には時間とコストがかかる．また，アリルあたりの情報量が少ないことから，1990 年ごろから始まった QTL 解析には積極的に用いられなかった．しかし，ニワトリゲノム上に約 280 万の SNP 情報が公開され，それらの情報を一括して解析できる DNA チップが開発されると，ほとんどの研究者たちはただちに SNP マーカーによる家畜の育種・改良に舵を切り始めた．

補. 4 ゲノム選抜

これまでニワトリの生産性の改良は，産卵能力，産肉能力あるいはそれに関連する能力を数値化し，統計遺伝学的手法を用いて優れた個体を選抜すると同時に，その能力を高め確実に後代へ継なげることで実施してきた．この思考は基本的に変わることはないが，分子遺伝学の進展にともない登場したニワトリの DNA 育種は，当初マイクロサテライトマーカーに大きな期待をふくらませたが，現在それは SNP マーカーへと引き継がれている．

今世紀になって DNA 研究におけるさまざまな技術の開発はめざましく，そのなかに SNP マーカーがゲノム上に多数存在するという特性を生かすことを可能にする分析ツールが登場した．それが DNA チップ（DNA tip）である．DNA チップは DNA マイクロアレイ（DNA microarray）ともよばれ，多数の DNA の部分配列を樹脂やガラス上の基盤に高密度に格子状に配置した分析器具である．DNA チップは，数百から数十万におよぶ網羅的な解析を，少量の DNA と比較的短時間で実施することを可能にした．家畜の改良に携わる研究者たちは，この遺伝情報をもとに家畜の遺伝的能力を評価する値，すなわちゲノム育種価の推定にとりくみはじめている（Freeman *et al.* 2012; Xu *et al.* 2013）．ゲノム育種価の推定から活用までの流れは以下のとおりである．

まずSNPマーカーの解析手順の概略を述べると，検出したい既知の塩基配列の1本鎖DNA，すなわち数多くのプローブが基盤上に固定配置されたDNAチップを準備する．つぎに遺伝的情報を収集したいサンプルより増幅したDNAを蛍光標識し，DNAチップとハイブリダイゼーション反応をさせる．その後，スキャナーを用いてシグナルを検出することにより，サンプルのSNPマーカーの遺伝子型が決定できる．DNAチップに既存のSNP情報をもとに多くのプローブを配置できれば，それだけ得られるSNPデータも豊富になる．さらに供試する個体数を増やしていくと，大規模なDNAデータベースが樹立され，ゲノムワイド関連解析（genome wide association study; GWAS）の土台ができたことになる．続いて，供試個体より収集した膨大なSNPデータと生産成績から遺伝的能力を推定する関係式を作成することになる．さまざまな経済形質について，この関係式ができあがると，その式に評価したい個体のSNP情報を入力し，その個体のゲノム育種価が算出される．

ゲノム情報を用いたゲノム選抜は，従来の集団平均値からの偏差で表される育種価ではなく，ゲノム育種価をもとにした家畜改良技術である．ゲノム育種価は，利用したすべてのSNPマーカーの効果の合計によって示される．これは多くのSNPが対象形質に対してそれぞれ効果のちがいはあるにしても，1つ1つがなんらかの影響をおよぼしているのではないかという仮定のもとに算出されるからである．換言すると，ゲノム上に散在している利用可能なSNP情報を統合して推定した値である．ゲノム選抜システムが成立すると，その波及効果はきわめて大きいと思われる．優良個体の選抜に必要となるのは，唯一そのSNPマーカーの情報だけである．これは血液，毛根や羽などDNAを抽出できる材料があれば可能であり，これまで必須であった成績情報がなくても判断できるであろう．また，生産形質を発現していない若齢な個体でも，記録のない個体でも評価できる．一般に家畜の示す生産形質は，産卵，泌乳および産子など雌に限られる限性形質であるが，雄側の能力も正確に見積もることが可能になるであろう．

これまで能力を評価する情報を後代にたよっていた形質においては，改良のスピードアップや費用削減は疑う余地がない．

近い将来期待されるゲノム育種価の実用化は，これまで家畜の改良にかかわってきた人々の永きにわたるほとんどの案件を解決してくれそうな可能性をもっている．そのためにも精度の高いゲノム育種価評価システムを構築することが望まれる．まず提示されたゲノム育種価評価モデルを実存するデータから推定された育種価との検証を行うことは必須であろう．さらに精度の高いゲノム育種価評価をめざすのであれば，算出のための供試個体数を増やすとともにSNPデータの充実をはかり，より高密度なDNAチップによる解析を実施する必要がある．現在，家畜においてゲノム育種価を求めようとすると，利用できる高性能なDNAチップは海外でつくられた製品のほかは見当たらないのが現状である．すなわち，DNAチップに搭載されているSNPマーカーは，外国品種から集積された遺伝情報なのである．品種分化が起こったあとの動物たちにその情報を適用しても，基本的に問題は見当たらないが，もし国産家畜の厳密な性能向上を求めるとするなら，わが国の家畜集団を用いたDNAチップの作出も一考に値すると考える．

補.5 ゲノム編集

農業は植物から動物までさまざまな生物種を対象とした産業である．1990年代なかばから登場したゲノム編集という革新的な技術は，それらに対しての従来の考え方から脱却して，新たな研究戦略を立案しなければならないような衝撃を与えた．家畜においてもゲノム編集は，理想家畜を描いて選抜を繰り返してきた改良法ではおそらく到達できないような夢の動物の可能性を示しはじめている．

ゲノム編集はゲノム配列情報を書き換える技術である．これまでのゲノム改変技術は，難易度が高く，時間を要し，また応用できる生物種が限られるという障壁があった．一方，ゲノム編集技術は，標的とした遺伝子のDNA配列の一部をピンポイントでねらい，タンパク質合成を停止させる遺伝子破壊（ノックアウト）や新たな機能をもつDNA配列を任意の座位へ埋め込む外来遺伝子導入（ノックイン）を実現した．この技術は容易でかつ確実な効果が得られ，これまでゲノム改変が困難とされていた生物種についても技術導入が可能である．この画期的な技術を支えているのが，人工ヌクレアーゼである．人工ヌクレアーゼは，DNA に結合する部分とDNA を切断する部分から構成されている．前者は，特定の DNA 配列を探索する相補的な RNA 鎖（ガイド RNA）からなり，膨大なゲノムのなかから目的とする配列のみを探し結合する役割をもっている．後者はDNA 二本鎖切断（DNA double strand break; DSB）という働きをもつ人工的な制限酵素である．人工ヌクレアーゼによるノックアウトは，まず細胞内で DSB が導入されると，DNA の修復機構が働き，すぐに切断部分が修復される．切断末端の再結合に採用される修復は非相同末端結合修復（non-homologous end joining; NHEJ）であり，このプロセスには一定の頻度で挿入や欠失（indel）が生じる，すなわち修復エラーが起こる．遺伝子の塩基配列内に発生した欠失はフレームシフトの原因となり，最終的に遺伝子の任務を頓挫させてしまうのである．従来の相同組換え（homologous recombination; HR）を利用したノックインは，効率が低いうえに適用できる動物種も限られていたが，人工ヌクレアーゼを用いると，DSB 導入によって修復シグナルが活性化し，切断部位に外来遺伝子をスムーズに挿入し，高い効率のノックインが実現できるとされている．

これまでいくつかの人工ヌクレアーゼが開発されてきたが，その1つにクリスパー・キャス9（CRISPR/Cas9; clustered regularly interspaced short palindromic repeat/CRISPR associated proteins）がある．CRISPR/Cas9 は，第3世代のゲノム編集ツールとして登場し，さまざまな生物種のゲノム編集にさかんに利用されている．CRISPR/Cas9 システムの特徴は，目的とする塩基配列へ誘導するガイド RNA の設計が容易であり，複数の座位を標的とすることが可能なこと，また人工制限酵素である Cas9 が任意の塩基配列に対して有効に作用することがあげられる．

補.6 ニワトリとゲノム編集

鳥類に先行してはじめられた哺乳類あるいは魚類のゲノム編集の技術は，

そのままニワトリに応用することはできない．なぜならニワトリの卵子（胚）は卵白に囲まれた巨大な卵黄上に存在し，卵子や受精卵を直接操作するのは困難だからである．そこでゲノム研究者たちは，卵子や精子の起源となる始原生殖細胞（primordial germ cells; PCGs）に注目して，ゲノム編集技術の開発に取り組んだ．なお，忘れてならないのは，始原生殖細胞に関する情報は家禽の発生工学に携わる人々の永きにわたる研究成果の賜物であり，現在，ニワトリのゲノム編集は両者の力が結集されて進行している．

さて，ニワトリの生産物というと肉と卵である．日本人の食生活は欧米化が進み，食肉の消費量は年々増加している．農林水産省の統計によると，1960（昭和35）年国民1人あたりの食肉（牛肉，豚肉，鶏肉）の消費量は3 kgであったが，2016（平成28）年には31.4 kg，約10倍の伸びを示している．2012年以降は，それまで永年1位であった豚肉の消費量を抜いて鶏肉が首位となっている．鶏肉は，安価でヘルシーであるというイメージが消費者の心をとらえ，日本でもっとも消費量の多い食肉となっている．しかし，自給率は2017年現在64%（概算）で減少の一途であり，輸入量の増加を抑制できないのが現状である．一方，鶏卵の消費量は260万トンを超えたあたりで推移し，自給率も95%以上を維持し，きわめて安定した畜産物である．卸売価格において，鶏卵は夏場の需要低下を年末の需要増大が支えるというサイクルで，毎年堅実な位置をキープしている畜産物である．また，食材としての鶏卵はタンパク質を多く含み，それを構成する必須アミノ酸のバランスがよいとされ，食品タンパク質の栄養価を示すアミノ酸スコアが100であり，大豆や牛乳と並んで高い評価を受けている．他方，鶏卵はつねにわが国のアレルギー原因食物のトップとして扱われ，二面性のある食品なのである．鶏卵のアレルゲンの大部分は含まれるタンパク質であるが，なかでもオボムコイドというタンパク質が強いアレルギーを起こすとされている．

この問題に取り組んだのは，農業・食品産業技術総合研究機構の田上貴寛博士のグループである（Oishi *et al.* 2016）．博士らは，卵アレルギーの原因物質が含まれないタマゴをめざして，オボムコイド遺伝子欠失ニワトリの作出を試みている．ここでその概略を紹介する．まず，ニワトリ

PGCs細胞の培養効率を高め，オボムコイド遺伝子をノックアウトするために設計したCRISPR/Cas9を培養PGCsに導入する．ゲノム編集が完了した雄の培養PGCsを雄のレピシエント胚に移植して，生殖系列キメラニワトリをつくる．性成熟に達したこの雄は，オボムコイド遺伝子がノックアウトされた精子と同遺伝子が機能する精子をつくることができる．交配を重ねていくと，ノックアウトされたオボムコイド遺伝子をホモ型でもっている個体が作出される．ニワトリにおいてゲノム編集が結実した瞬間である．現在は，オボムコイド遺伝子欠失個体が生産するタマゴについて詳細な検証が継続されている．

この原稿を書いている今，ゲノム編集と金の卵という2つのキーワードをネット上で検索したところ，きわめて多数の情報がヒットした．そのほとんどが産業技術総合研究所の大石勲博士の研究グループの業績にたどり着く．その画期的な研究とは，ニワトリにゲノム編集を応用してヒトインターフェロンβ遺伝子をノックインし，鶏卵を使って有用な組換えタンパク質を大量生産することに成功したことである．ニワトリが生物工場へと名乗りをあげたのである（Oishi *et al.* 2018）．

生物工場とは遺伝子改変技術を駆使して生物に有用な物質をつくらせるもので，新たな産業革命ともいわれている．大腸菌に樹脂を合成できる菌の遺伝子を組みこんだプラスティック工場，イチゴにイヌの遺伝子を組みこみイヌの歯周病の炎症を抑えるタンパク質を生産させたり，スギ花粉症で苦しんでいる人々を救うためのアレルゲン免疫療法の治療薬として，イネにスギ花粉の抗原タンパク質の一部を生産させる医薬品タンパク質工場など，さまざまな生物工場が世界で操業を開始している．数年前，フランケンフィッシュという魚が話題になった．これはアトランティックサーモンに深海魚ゲンゲの成長ホルモン遺伝子を組みこんだ魚だ．ゲンゲは1年を通して成長ホルモンを分泌しており，この遺伝子を組みこまれたフランケンフィッシュは，アトランティックサーモンと比較すると2倍のスピードで成長し，18カ月齢で体長が2倍，体重が3倍にもなり，出荷するまでの期間が半分に短縮された．過剰に不安をあおるわけではないが，このインパクトのある名をつけられたフランケンフィッシュをつくった工場は，はじめて遺伝子組換え動物食品を世に送り出したのである．

今後，ゲノム編集技術はさまざまな工場の設立に寄与するであろうと考える．しかしながら，これらの生物工場の現状は，おそらく在庫品はあるものの，出荷先がみつからないところが多いのではないだろうか．生命の根源であるDNAを自由に操作できる人工ヌクレアーゼを味方にしたゲノム編集技術は，これから興るさまざまな生物工場をコントロールする国際的な議論より明らかに先行しており，また社会的な受容も不明である．生物工場のものづくりは，ヒトがこの地球で直面するいくつかの難問を解決できる可能性をもつと確信している．だからこそ，十分な検証のもとにその成果を正しく受け入れたいと考える．

あとがき

この本の上梓がようやくみえはじめてきたとき，ふと「自分がはじめてニワトリに出会ったのはいつだったろうか」と思った．ふりかえってみると，幼いころに遊んだ風景は緑のなかに小川が流れ，田んぼがあり，ところどころに動物がいて，気づくとなんの違和感もなくニワトリが隠れていたような覚えがある．

私の育ったところは，のどかな画角がよく似合う田舎だった．ニワトリはイヌやネコのように子どもに関心を向けることはほとんどなく，ましてやかれらを無理やり遊び相手に仕立てるのは無謀だった．しかし，私はその存在に疑問をもつことはなく，まわりの木や草花と同じように風景の一部として受け入れていた．ゆえにその記憶は曖昧となり，私にはいつニワトリと出会ったのかという疑問には明確な答を出すことができない．その後，私の記憶のなかでニワトリはしだいに小さな点となり，しばらくのあいだ完全に消えてしまった．

ふたたび私のなかにニワトリが現れて大きな輝きを放つようになるのは，大学に入学し研究室に配属されてからである．私のなかにニワトリという光をともしてくださったのは，恩師西山久吉先生と古賀脩先生である．私は両先生のもとでニワトリを研究することの手ほどきを受け，そのすばらしさと喜びを学び，研究者として生きる糧を授かった．さらに，先生方のご尽力で鹿児島大学に職を得てからは，現在は名誉教授となられている橋口勉先生が，私を「ニワトリの成立」という壮大なフィールドのなかへと導いてくださった．私がいただいたニワトリという光は，このときを境に，私のなかで小さいながらも自ら発光しはじめたのである．

現在，私は在来家畜研究会というグループに参加している．この研究会は，1961年に九州南西海域のトカラ群島および奄美群島に調査隊を派遣してから，これまでじつに40年のながきにわたり，アジアの各地域へと同学の研究者たちを送り続けている．その最初の報告書である「日本在来家畜調査団報告第１号」（現在は「在来家畜研究会報告」と改称）を開いてみると，林田重幸博士が調査の目的を「わが国在来家畜の源流の究明，ならびに育種素材の確保および適応の実態把握を念頭に在来家畜の正確な情報を記録し生物資源の探求，調査，開発の事業に資するため」と表明されている．さらに，そのまえがきにおいては，「これらの地域の家畜を調査することにより（中略）これら地域の民族文化の源流についての考察に寄与しようとするのである」と述べられている．当時の日本は第二の家畜改良時代をむかえ，欧米の国々からの育種素材に大きく依存していた時期である．林田博士の記述に流れる思想は，明らかにわが国の畜産の将来に対する警鐘であり，在来家畜研究会の創設にかかわられた方々の「アジアの畜産人」としての気概を感じるのは，私だけであろうか．

私は在来家畜研究会によって組織された調査隊に数回加わり，東南アジアの国々を調査する機会に恵まれた．現地において貴重なサンプルに出会ったときは，なにものにもかえがたい瞬間であるが，その国の研究者あるいは人々と豊かな交流ができたとき，私はアジアの国に生まれたことに無上の幸せを覚える．と同時に，自分のなかに秘めたニワトリの光が勢いを増すのを実感せずにはおれない．

本シリーズの編者である東京大学の林良博教授から執筆依頼をいただいたとき，なぜ私にという疑問があった．ほかに相応しい方がおられるのにと何度思ったことだろう．しかし，林先生の「ご自分の若さと勢いで一気に読めるものを書いてください」という説得にひかれて，その言葉の意味も正確に理解しないまま，気づくと承諾していた．「しまった！」と思ったが，あとの祭りであった．

さて，この『ニワトリの動物学』を読まれて，どのような感想をおもちになっただろうか．

私は，本書をとおして，私が感じるニワトリたちを少しでもみなさんに伝えたいと思った．私はみなさんに，「ニワトリはわれわれが強引につくりあげた動物たち」「人間社会に貢献するだけの動物たち」「無表情な動物たち」といった断片的な印象だけで，かれらをとらえてほしくない．遠いむかし，かれらは本能のどこかで納得して，われわれの社会の仲間になったのである．今日のかれらの繁栄は，その意思と，かれらと真剣に向かい合った人々の優しさのうえに成り立っていることをできればくみとっていただきたい．これからニワトリ学を志そうという若い方々に，少しでも私が放ったニワトリの光を感じていただければ，著者としてこのうえない喜びである．

*

浅学な私がどうにか本書を上梓できるまでこぎつけられたのは，多くの方々のお力添えがあったからである．ここに心よりお礼申し上げる．

山階鳥類研究所の柿澤亮三先生は，ニワトリに関する貴重な資料を紹介してくださった．元東京大学教授西田隆雄先生には，ヤケイについての形態的特徴および在来鶏の外形質についてご教示いただいた．北海道大学の松田洋一教授は，微小染色体について解説してくださった．九州大学の田畑正志先生には，ニワトリの骨格について教えていただいた．愛知県農業総合試験場の番場久雄さんおよび鹿児島県農政部の橋口尚子さんには，名古屋種について情報をいただいた．種子島農業改良普及センターの松岡尚二さんには，養鶏事情について有益な話をうかがった．鹿児島大学の西中川駿先生および松元光春先生は，貴重な資料を貸してくださり，ニワトリのからだについて解説してくださった．同大学の前田芳實先生は，肉用鶏の銘柄についてくわしく紹介してくださった．橋口勉先生には，原稿を読んでいただき，適切なアドバイスを賜った．私のフィールドのパートナーである河邊弘太郎先生はよき理解者で，たびたび重要なコメントをくださった．編者の林良博教授，東北大学の佐藤英明教授には，多くの有益なご指摘をいただいた．また，東京大学出版会編集部の光明義文さんは，遅筆な私につねにエールをおくってくださった．何度その励ましに救われたことだろう．ほんとうにご迷惑をおかけした．

最後に，この道にすすませてくれた両親といつも見守ってくれた妻と娘に感謝する．

岡本　新

第2版あとがき

『ニワトリの動物学』の初版からすでに約20年という月日が流れた．その間ニワトリだけでなく，畜産を取り巻く環境は大きく変貌しようとしている．最近よく「持続可能な社会」という言葉を聞く．これは地球環境や自然環境が適切に保全され，将来の世代が必要とするものを損なうことなく，現在の世代の要求を満たすような開発が行われている社会をさしている．2015年，国連総会で「持続可能な開発目標」（sustainable development goals; SDGs）が採択されると，畜産の分野においても，持続可能な畜産や持続可能な生産といった言葉が頻繁に使われるようになった．SDGsは世界共通の行動目標であり，各国がその目標に向けて達成度を定期的にモニタリングし，その進捗状況を公表するものである．したがって，わが国の畜産物を世界に提示するには，SDGsをできるだけ達成していることが前提となった．具体的には，畜産におけるGAP（good agricultural practice; 農業生産工程管理）や農場HACCP（hazard analysis and critical control point）などにより検証できる．さらにアニマルウェルフェア，エコフィード，オーガニックなども考慮することが望ましいとされている．

現在，世界の畜産物の主要生産地域をみると，欧米からアジアを中心とする新興国へと入れ替わろうとしている．2017年の生産量では，世界の豚肉の約半分（46%）が中国，牛肉および鶏肉については米国が首位ではあるが，中国，ブラジル，インドなどの新興国の合計はともに全体の30%に迫る勢いで，この状況が畜産革命（livestock revolution）といわれる所以である．これと連動して主要生産国の貿易量も増加し，この傾向は今後もさらに加速されるものと予測されている．

畜産業におけるアジアの新興国の台頭は，アジア経済の活性化を促すうえでは好ましいものである．新興国がリードする畜産振興は，経済活動のグローバル化に後押しされてますます発展するであろう．しかしながら，この状況は今，諸刃の剣のように，われわれに新たな試練を与えはじめている．これまで限られた地域だけで発生していた動物たちの疾病が経済のうねりに身を潜めて国境を越え，越境性動物疾病（transboundary animal diseases; TADs）と名を変えて国々を巡りはじめた．近年，日本でも産業動物たちは不幸にも何度となくその洗礼を甘受しており，また先に述べた持続可能な畜産の施策にとっても，大きな脅威であることは歴然としている．

今回『ニワトリの動物学［第2版］』の出版に際し，「補章」において現在の家畜のおかれた状況を，浅学な視点で解釈をしようと試みた．問題点を掘り起こすことはできたかもしれないが，残念ながら積極的な打開策を提示することができなかった．今，家畜たち，そしてかれらに携わる人々は，これまでにない迷路に遭遇している．その不安に怯えているのは私だけだろうか．

岡本　新

引用文献

Ahlawat, S. P. S., N. D. Khanna, P. K. Pani and S. N. Tandon. 1984. Red cell carbonic anhydrase polymorphism in chickens. Indian J. Anim. Sci. 54: 1185–1187.

Akishinomiya, F., T. Miyake, M. Takada, R. Shingu, T. Endo, T. Gojobori, N. Kondo and S. Ohno. 1996. Monophyletic origin and unique dispersal patterns of domestic fowls. Proc. Natl. Acad. Sci. USA. 93: 6792–6795.

Anderson, S., M. H. L. De Bruijn, A. R. Coulson, I. C. Eperon, F. Sanger and I. G. Young. 1982. Complete sequence of bovine mitochondrial DNA: conserved features of the mammalian mitochondrial genome. J. Mol. Biol. 156: 683–717.

APA. 1962. The American Standard of Perfection. American Poultry Association, New York.

Baker, C. M. A., G. Croizier, A. Stratil and C. Manwell. 1970. Identity and nomenclature of some protein polymorphisms of chicken eggs and sera. *In*: (E. D. Caspari ed.) Advances in Genetics 15. pp. 147–174. Academic Press, New York.

Baldwin, S. P., H. C. Oberholser and L. G. Worley. 1931. Measurement of birds. Sci. Pub. Cleaveland Mus. Nat. Hist. 2: 1–165.

Ball, S. C. 1933. Jungle fowls from Pacific islands. Bernice P. Bishop Mus. Bull. 108: 1–121.

Bateson, W. 1902. Experiments with poultry. Repts. Evol. Comm. Roy. Soc. 1: 87–124.

Bateson, W. and R. C. Punnett. 1905. A segregation as to the nature of the "walnut" comb in fowls. Proc. Comb. Phil. Soc. 13: 165–168.

Bateson, W. and R. C. Punnett. 1906. Experimental studies in the physiology of heredity. Poultry Repts. Evol. Comm. Roy. Soc. 3: 11–30.

Bateson, W. and R. C. Punnett. 1908. Experimental studies in the physiology of heredity. Poultry Repts. Evol. Comm. Roy. Soc. 4: 18–35.

Bradely, O. C. and T. Grahame. 1960. The Structure of the Fowl. Oliver and Boyd, Edinburgh.

Briles, W. E. 1960. Blood groups in chickens, their nature and utilization. World's Poultry Sci. J. 16: 228–242.

Briles, W. E., C. O. Briles and J. H. Quisenberry. 1950. Three loci affecting the blood group antigens of the chicken. Poultry Sci. 29: 750.

Brumbaugh, J. A. and W. F. Hollander. 1965. A further study of the E pattern locus in the fowl. Iowa State J. Sci. 40: 51-64.

Brumbaugh, J. A. and W. F. Hollander. 1966. Genetics of buff and related color patterns in the fowl. Poultry Sci. 45: 451-457.

Bumstead, N. and J. Palyga. 1992. A preliminary linkage map of the chicken genome. Genomics 13: 690-697.

Cam, A. E. and D. W. Cooper. 1978. Autosomal inheritance of phosphoglycerate kinase in the domestic chicken (*Gallus domestic*). Biochem. Genet. 16: 261-270.

Cock, A. and M. Pease. 1951. The genetics of white pile pattern in the domestic fowl. Proc. 9th World Poultry Cong. (Paris) 1: 49-53.

Cock, C. G. 1953. The interpretation of autosexing. J. Genet. 51: 421-433.

Darwin, C. 1868. The Variation of Animals and Plants under Domestication. John Murray, London.

Freeman, T. C., A. Ivens, J. K. Baillie, D. Beraldi, M. W. Barnett, D. Dorward, A. Downing, L. Fairbairn, R. Kapetanovic, S. Raza, A. Tomoiu, R. Alberio, C. Wu, A. I. Su, K. M. Summers, C. K. Tuggle, A. L. Archibald and D. A. Hume. 2012. A gene expression atlas of the domestic pig. BMC Biology 10: 90-111.

藤尾芳久．1972. 日本鶏の血液型と渡来経路．在来家畜調査団報告 5: 5-12.

Gilmour, D. G. 1960. Blood groups in chickens. Brit. Poultry Sci. 1: 75-100.

後藤悦男．1990. 養鶏．ゴトウテクニカル，岐阜．

Grunder, A. A. 1968. Inheritance of electrophoretic variants of serum esterases in domestic fowl. Can. J. Genet. Cytol. 10: 961-967.

Grunder, A. A. 1990. Genetics of biochemical variants in chickens. *In*: (R. D. Crawford ed.) Poultry Breeding and Genetics. pp. 239-255. Elsevier Science Publishing, New York.

Grunder, A. A. and K. G. Hollands. 1978. Inheritance of adenosine deaminase variants in chickens and turkeys. Anim. Blood Grps. Biochem. Genet. 9: 215-222.

橋口　勉．1986. 日本鶏の起源．（吉武成美ほか：日本人のための生物資源のルーツを探る）pp. 123-182. 筑波書房，東京．

Hashiguchi, T., M. Yanagita, Y. Maeda and M. Taketomi. 1970. Genetical studies on serum amylase isozyme in fowls. Jap. J. Genet. 45: 314-349.

Hashiguchi, T., K. Shiihara, Y. Maeda and M. Taketomi. 1979. Genetic control of erythrocyte esterase isozyme (Es-8) in the chicken. Jap. Poultry Sci.

16: 166–171.
橋口　勉・恒吉　満・西田隆雄・東上床久司・平岡英一. 1981. 血液タンパク質型からみた鶏の遺伝子構成. 日畜会報 52: 713–729.
橋口　勉・西田隆雄・林　良博・S. S. Mansjoer. 1983. インドネシアにおける在来鶏赤色野鶏および緑襟野鶏の血液蛋白質型. 在来家畜研究会報告 10: 190–203.
橋口　勉・岡本　新・西田隆雄・林　良博・後藤英夫・H. W. Cyrill. 1986. スリランカにおける野鶏および在来鶏の血液蛋白質型. 在来家畜研究会報告 11: 193–207.
Hashiguchi, T., N. Nishida, Y. Hayashi, Y. Maeda and S. S. Mansjoer. 1993. Blood protein polymorphisms of native and jungle fowls in Indonesia. AJAS 6: 27–35.
橋口　勉・稲福桂一郎・朱　静・前田芳實・岡本　新・侯　徳興・楊　鳳堂・張　漢雲・許　文博・施　立明. 1995. 中国雲南省における在来鶏の血液蛋白質について. 在来家畜研究会報告 15: 157–167.
林　良博・西田隆雄・橋口　勉・池田研二・S. S. Mansjoer. 1983. インドネシアにおけるセキショク野鶏の電波探知による行動追跡. 在来家畜研究会報告 10: 168–171.
Hurst, C. C. 1905. Experiments with poultry. Repts. Evol. Comm. Roy. Soc. 2: 131–154.
Hutt, F. B. 1936. Genetics of the fowl. V. The modified frizzle. J. Genetics 32: 277–285.
Hutt, F. B. 1949. Genetics of the Fowl. McGraw-Hill Book, New York.
猪　貴義. 1982. 交配の方法.（水間　豊・猪　貴義・岡田育穂：家畜育種学）pp. 127–138. 朝倉書店, 東京.
International Chicken Genome Sequencing Consortium. 2004. Sequence and comparative analysis of the chicken genome provide unique perspectives on vertebrate evolution. Nature 432: 695–777.
International Chicken Polymorphism Map Consortium. 2004. A genetic variation map for chicken with 2.8 million single-nucleotide polymorphisms. Nature 432: 717–722.
Ivanyi, J. 1975. Polymorphism of chicken serum allotypes. J. Immunogenet. 2: 69–78.
Jaap, R. G. and W. F. Hollander. 1954. Wild type as standard in poultry genetics. Poultry Sci. 31: 94–100.
Juneja, R. K., B. Gahne, J. Kuryl and J. Gaspaarska. 1982. Genetic polymorphism of the vitamin D-binding protein and a pre-transferrin in chicken plasma. Hereditas 96: 89–96.

加茂儀一．1973. 家畜文化史．法政大学出版局，東京．
加藤嘉太郎．1957. 家畜比較解剖図説（上巻）．養賢堂，東京．
加藤嘉太郎．1961. 家畜比較解剖図説（下巻）．養賢堂，東京．
加藤嘉太郎．1978. 家畜の解剖と生理．養賢堂，東京．
川本　芳．1997. ミトコンドリアDNA変異を利用したニホンザル地域個体群の遺伝的モニタリング．ワイルドライフフォーラム 3: 31.
川本　芳．1999. 遺伝子からみたニホンザルの成立．科学 69: 300-305.
川崎　晃．1980. 光と鶏の関係．（農業技術体系 5. 基礎編）pp. 116-118. 農山漁村文化協会，東京．
Kimball, E. 1951. Pyle-black plumage in the fowl. Am. Nat. 85: 265-266.
Kimball, E. 1952. Wild type plumage pattern in the fowl. J. Hered. 43: 129-132.
Kimball, E. 1953. Genetics of secondary plumage patterns in the fowl. Poultry Sci. 32: 13-37.
Kimball, E. 1960. Genetics of wheaten plumage in the fowl. Poultry Sci. 39: 768-774.
Kimura, M. 1970. Electrophoresis of eserine resistant esterases in chickens. Jap. Poultry Sci. 7: 126-130.
Kimura, M., Y. Goto and I. Isogai. 1979. Alkaline phosphatase isozyme system, Akp-2, in the chicken. Jap. Poultry Sci. 16: 266-270.
Knox, C. W. 1935. The inheritance of shank color in chickens. Genetics 20: 529-544.
小穴　彪．1951. 日本鶏の歴史．日本鶏研究社，東京．
Koch, C. 1986. A genetics polymorphism of the complement component factor B in chickens not linked to the major histocompatibility complex（MHC）. Immunogenetics 23: 364-367.
古賀　脩．1966. 産卵性とこれに関与する諸要因．（岡本正幹，編：養鶏マニュアル）pp. 145-151. 養賢堂，東京．
駒井　亨．1978. ブロイラー産業．（駒井　亨・麻生和衛・小野浩臣：ブロイラー）pp. 10-28. 養賢堂，東京．
Kuryl, J. and B. Gahne. 1976. Observations on blood plasma postalbumins and hatchability of chickens. Anim. Blood Grps. Biochem. Genet. 7: 241-246.
Kuryl, J., R. K. Juneja and B. Gahne. 1986. A fourth allele in the plasma esterase-1（Es-1）system of the domestic fowl. Anim. Genet. 17: 89-94.
Law, C. R. J. 1967. Alkaline phosphatase and leucine aminopeptidase association in plasma of the chicken. Science 156: 1106-1107.
Law, C. R. J. and S. S. Munro. 1965. Inheritance of two alkaline phosphatase variations in fowl plasma. Science 149: 1518.
Levan, A., K. Fredga and A. A. Sandberg. 1964. Nomenclature for centromer-

ic position on chromosomes. Hereditas 52: 201-220.
Lippincott, W. A. 1918. The case of the Blue Andalusian. Am. Nat. 52: 95-115.
Loftus, R. T., D. E. Machugh, L. O. Ngere, D. S. Balain, A. M. Badi, D. G. Bradley and E. P. Cunningham. 1994. Mitochondrial genetic variation in European, African and Indian cattle populations. Anim. Genet. 25: 265-271.
Love, J., C. Gribbin, C. Mather and H. Sang. 1994. Transgenic birds by DNA microinjection. Biotechnology 12: 60-63.
Lucas, A. M. and P. R. Stettenheim. 1972. Avian Anatomy, Integument, Part II. Argic. Handbook 362. U. S. Government Printing Office, Washington, D. C.
Maeda, Y., I. Okada, M. A. Hasnath, M. O. Farugue, M. A. Majid and M. N. Islam. 1987. Blood protein polymorphisms of native fowl and red jungle fowl in Bangladesh. Genetic Studies on Breed Differentiation of the Native Domestic Animals in Bangladesh 2: 27-45. Hiroshima University, Hiroshima.
前田芳實・岡田育穂・橋口　勉・M. A. Hasnath. 1988. バングラデシュにおける在来鶏と赤色野鶏の蛋白質多型．在来家畜研究会報告 12: 233-250.
Malone, G. W. and J. R. Smyth, Jr. 1975. Chick down eumelanization associated with the columbian restriction pattern. Poultry Sci. 54: 1787.
Marzullo, G. 1970. Production of chicken chimaeras. Nature 225: 72-73.
松田洋一．1999. ニワトリにおける染色体地図の作成とその現状．（動物遺伝育種シンポジウム組織委員会，編：家畜ゲノム解析と新たな家畜育種戦略）pp. 316-321. シュプリンガー・フェアラーク東京，東京.
水間　豊．1982. 家畜育種の沿革．（水間　豊・猪　貴義・岡田育穂：家畜育種学）pp. 1-12. 朝倉書店，東京.
Morejohn, G. V. 1953. A gene for yellowish-white down in the Red Jungle Fowl. J. Hered. 44: 46-52.
Morejohn, G. V. 1955. Plumage color allelism in the Red Jungle Fowl (*Gallus gallus*) and related domestic fowls. Genetics 40: 519-530.
Munro, S. S. 1946. A sex-linked true breeding blue plumage color. Poultry Sci. 25: 408-409.
内藤元男，監修．1978. 畜産大辞典．養賢堂，東京.
Naito, M., K. Agata, K. Otsuka, K. Kino, M. Ohta, K. Hirose, M. M. Perry and G. Eguchi. 1991. Embryonic expression of β-actin-lacZ hybrid gene injected into the fertilized ovum of the domestic fowl. Int. J. Dev. Biol. 35: 69-75.
Nakamura, M., K. Yoshinaga and T. Fujimoto. 1992. Histochemical identification and behavior of quail primordial germ cells injected into chick em-

bryos by the intravascular route. J. Exp. Zool. 261: 479–483.
Nickel, R., A. Schummer and E. Seiferle. 1973. Lehrbuch der Anatomie der Haustiere. Felgentreff & Goebel, Berlin.
西田隆雄．1967. 東亜における野鶏の分布と東洋系家鶏の成立について．日本在来家畜調査団報告 2: 2–24.
西田隆雄・野澤　謙・T. I. Azmi. 1976. マレーシア連邦の在来鶏の形態学的ならびに遺伝学的研究．在来家畜研究会報告 7: 44–52.
Nishida, T., K. Nozawa, K. Kondo, S. S. Mansjoer and H. Martojo. 1980. Morphological and genetical studies on the Indonesian native fowl. *In*: The Origin and Phylogeny of Indonesian Native Livestock (Report by Grant-in-Aid for Overseas Scientific Survey, No. 404315). The Research Group of Overseas Scientific Survey. pp. 47–70.
西田隆雄・林　良博・野澤　謙・橋口　勉・近藤恭司・S. S. Mansjoer. 1983. インドネシア在来鶏の生体計測および形態学的形質の統計遺伝学的研究．在来家畜研究会報告 10: 172–189.
西田隆雄・林　良博・野澤　謙・岡本　新・後藤英夫・H. W. Cyril. 1986. スリランカ在来鶏の生体計測学的および外形質の統計遺伝学的研究．在来家畜研究会報告 11: 165–177.
西山久吉．1966. 造精機能と人工授精．（岡本正幹，編：養鶏マニュアル）pp. 158–174. 養賢堂，東京．
Nordskog, A. W. 1964. Poultry immunogenetics. World's Poultry Sci. J. 20: 183–188.
野澤　謙．1994. 動物集団の遺伝学．名古屋大学出版会，名古屋．
野澤　謙・西田隆雄．1970. 日本とその周辺地域の在来家畜の由来．科学 40: 5–12.
Ogden, A. L., J. R. Morton, D. G. Gilmour and E. M. McDermid. 1962. Inherited variants in the transferrins and conalbumins of the chicken. Nature 195: 1026–1028.
Oishi1, I., K. Yoshii, D. Miyahara, H. Kagami and T. Tagami. 2016. Targeted mutagenesis in chicken using CRISPR/Cas9 system. Scientific Reports 6: 23980.
Oishi, I., K. Yoshii, D. Miyahara and T. Tagami. 2018. Efficient production of human interferon beta in the white of eggs from ovalbumin gene-targeted hens. Scientific Reports 8: 10203.
Okada, I. and K. Matsumoto. 1962. Fitness of the genotypes at the *B* locus determining the blood group of chickens. Jpn. J. Genet. 37: 267–275.
Okada, I., T. Hasegawa, S. Sekidera, H. Shimizu and Y. Hachinohe. 1966. Association of the *B* blood group alleles with production characters in chick-

ens. Jpn. J. Zootech. Sci. 37: 302–311.
岡田育穂・橋口　勉・伊藤慎一．1984. 鶏の家禽化と品種分化に関する研究——特に日本鶏の類縁関係について．昭和 57, 58 年度文部省科学研究費補助総合研究（A）研究成果報告書（京都大学霊長類研究所）．pp. 121–131.
岡田育穂・新城明久・山本義雄・木村　茂・平岡英一．1988. 日本鶏の品種内分化に関する研究．昭和 60–62 年度科学研究費補助金（総合研究 A）研究成果報告書（広島大学生物生産学部）．pp. 110–120.
岡本正幹，編．1966. 養鶏マニュアル．養賢堂，東京．
Okamoto, S., Y. Maeda and T. Hashiguchi. 1988. Analysis of the karyotypes of four species of jungle fowls. Jpn. J. Zootech. Sci. 59: 146–151.
岡本　新・中山統雄・前田芳實・橋口　勉．1991. アオエリヤケイ（雄）と岐阜地鶏（雌）から得られた交雑種（F_1）の染色体．日畜会報 62: 753–741.
Okamoto, S., Y. Maeda and T. Hashiguchi. 1994. Chromosome studies on four species of jungle fowls. Proceedings of the 7th AAAP Vol. III: 13–14.
Onishi, A., K. Takeda, M. Komatsu and T. Akita. 1994. Production of chimeric pigs and the analysis of chimerism using mitochondrial deoxyribonucleic acid as a cell marker. Biol. Reprod. 51: 1069–1075.
Ono, T., R. Yokoi and H. Aoyama. 1996. Transfer of male or female primordial germ cells of quail into chick embryonic gonads. Exp. Anim. 45: 347–352.
Ono, T., R. Yokoi, S. Maeda, T. Nishida and H. Aoyama. 1998. Transfer chick primordial germ cells into quail embryos and their settlement in gonads. Anim. Sci. Technol. (Jpn.) 69: 911–915.
Perry, M. M. 1988. A complete culture system for the chick embryo. Nature 331: 70–72.
Pesti, D., J. Hasler-Rapacz, J. Rapacz and W. H. McGibbon. 1981. Immunogenetic studies on low-density lipoprotein allotypes in chickens (Lcp1 and Lcp2). Poultry Sci. 60: 295–301.
Petitte, J. N., M. E. Clark, G. Liu, A. M. Verrinder-Gibbins and R. J. Etches. 1990. Production of somatic and germline chimeras in the chicken by transfer of early blastodermal cells. Development 108: 185–189.
Prota, G. 1980. Recent advances in the chemistry of melanogenesis in mammals. J. Invest. Dermatol. 75: 122–127.
Punnett, R. C. 1923. Heredity in Poultry. Macmillan, London.
Rikimaru, K., O. Sasaki, N. Koizumi, M. Komatsu, K. Suzuki and H. Takahashi. 2011. Mapping of quantitative trait loci affecting growth traits in a Japanese native chicken cross. Asian-Aust. J. Anim. Sci. 24: 1329–1334.
Rubinstein, P., L. de Haas, I. Y. Pevzner and A. W. Nordskog. 1981. Glyoxalase

1（GLO）in the chicken: genetic variation and lack of linkage to the MHC. Immunogenetics 13: 493-497.
Saeki, Y. and Y. Tanabe. 1955. Changes in prolactin content of fowl pituitary during broody periods and some experiments on the induction of broodiness. Poultry Sci. 34: 909-919.
Saeki, Y. and Y. Inoue. 1979. Body growth, egg production, broodiness, age at first egg and egg size in Red Jungle Fowls, and an attempt at their genetic analyses by reciprocal crossing with White Leghorn. Jap. Poultry Sci. 16: 121-126.
Salter, D. W., E. J. Smith, S. H. Hughes, S. E. Wright, A. M. Fradly, R. L. Witter and L. B. Grittenden. 1986. Gene insertion into the chicken germ line by retroviruses. Poultry Sci. 65: 1445-1458.
Salter, D. W., E. J. Smith, S. H. Hughes, S. E. Wright and L. B. Grittenden. 1987. Transgenic chickens: insertion of retroviral genes into the chicken germ line. Virology 157: 236-240.
Sang, H. and M. M. Perry. 1989. Episomal replication of cloned DNA injected into the fertilized ovum of the hen, *Gallus domesticus*. Mol. Reprod. Dev. 1: 98-106.
Sasaki, O., S. Odawara, H. Takahashi, K. Nirasawa, Y. Oyamada, R. Yamamoto, K. Ishii, Y. Nagamine, H. Takeda, E. Kobayashi and T. Furukawa. 2004. Genetic mapping of quantitative trait loci affecting body weight, egg character and egg production in F_2 intercross chickens. Animal Genetics 35: 188-194.
佐藤孝二．1980. 採卵鶏の一生と生理的特性．（農業技術体系 5. 基礎編）pp. 53-67. 農山漁村文化協会，東京．
Serebrovsky, A. S. 1922. Crossing over involving three sex-linked genes in chickens. Am. Nat. 56: 571-572.
Shabalina, A. T. 1972. Genetic polymorphism of blood catalase in fowls. Proc. 12th Eur. Conf. Anim. Blood Grps. Biochem. Polymorph.（Budapest, 1970）. pp. 481-483.
Shabalina, A. T. 1977. Polymorphism of haptoglobins in chicken. Anim. Blood Grps. Biochem. Genet. 8: 23.
芝田清吾．1969. 日本古代家畜史の研究．学術書出版会，東京．
渋谷佑彦．1999. FAO 2005 年の食肉中期見通し．世界の畜産 1999 年第 1 号: 2-5.
Shotake, T., Y. Ohkura, Y. Tamaki and T. L. Azmi. 1976. Blood protein polymorphism of jungle fowl, native fowl and their hybrid. Rep. Soc. Res. Native Livestock 7: 65-69.

Silverudd, M. 1974. Silverudd's multiple cock shift system (SMCSS). Hereditas 77: 183-196.

Smyth, J. R., Jr. 1970. Genetic basis for plumage color patterns in the New Hampshire fowl. J. Hered. 61: 280-283.

Smyth, J. R., Jr. 1990. Genetics of plumage, skin and eye pigmentation in chickens. *In*: (R. D. Crawford ed.) Poultry Breeding and Genetics. pp. 109-167. Elsevier Science Publishing, New York.

Smyth, J. R., Jr., J. W. Porter and B. B. Bohren. 1951. A study of pigments from red, brown and buff feathers and hair. Physiol. Zool. 24: 205-216.

Smyth, J. R., Jr. and R. G. Somes, Jr. 1965. A new gene determining the Columbian feather pattern in the fowl. J. Hered. 56: 151-156.

Smyth, J. R., Jr., N. M. Ring and J. A. Brumbaugh. 1986. A fourth allele at the C-locus of the chicken. Poultry Sci. 65 (Suppl. 1): 129.

Souza, L. M., T. C. Boone, D. Murdock, K. Langley, J. Wypych, D. Fenton, S. Johnson, P. H. Everett, R.-Y. Hus and R. Bosselman. 1984. Application of recombinant DNA technologies to studies on chicken growth hormone. J. Exp. Zool. 232: 465-473.

Spillman, W. J. 1908. Spurious allelomorphism: results of some recent investigations. Am. Nat. 42: 610-615.

Stratil, A. 1968a. Transferrin and albumin loci in chickens, *Gallus gallus* L. Comp. Biochem. Physiol. 24: 113-121.

Stratil, A. 1968b. Proteins of the seminal fluid from the *Vas deferens* of cocks: their polymorphism and relation to serum proteins. Proc. 11th Eur. Conf. Anim. Blood Grps. Biochem. Polymorph. (Warsaw, 1968). pp. 417-423.

Stratil, A. 1970. Prealbumin locus in chickens. Anim. Blood Grps. Biochem. Genet. 1: 15-22.

Sturkie, P. D., C. B. Godbey and R. M. Sherwood. 1937. The inheritance of shank color in chickens. Poultry Sci. 16: 183-188.

Sturtevant, A. H. 1912. An experiment dealing with sex linkage in birds. J. Exp. Zool. 12: 499-518.

Suzuki, T., N. Kansaku, T. Kurosaki, K. Shimada, D. Zadworny, M. Koide, T. Mano, T. Namikawa and Y. Matsuda. 1999a. Comparative FISH mapping on Z chromosomes of chickens and Japanese quail. Cytogenet. Cell Genet. 87: 22-26.

Suzuki, T., T. Kurosaki, K. Shimada, N. Kansaku, U. Kuhnlein, D. Zadworny, K. Agata, A. Hashimoto, M. Koide, M. Koike, M. Takata, A. Kuroiwa, S. Minai, T. Namikawa and Y. Matsuda. 1999b. Cytogenetic mapping of 31 functional genes on chicken chromosomes by direct R-banding FISH. Cytogenet. Cell Genet. 87: 32–40.

Takahashi, H., D. Yang, O. Sasaki, T. Furukawa and K. Nirasawa. 2009. Mapping of quantitative trait loci affecting eggshell quality on chromosome 9 in an F_2 intercross between two chicken lines divergently selected for eggshell strength. Animal Genetics 40: 779–782.

武田久美子・大西　彰・高橋清也・小島敏之・花田博文．1997. 黒毛和種・褐毛和種・ホルスタイン種におけるウシミトコンドリアDNA・D-loop領域内変異．日畜会報 68: 1161–1165.

武富萬治郎．1981. 家畜育種学．学会出版センター，東京．

Tanabe, H. and N. Ogawa. 1980. Comparative studies on physical and chemical property of avian eggs. 4. Horizontal polyacrylamid gradient gel electrophoretograms of chicken (*Gallus domesticus*), quail (*Coturnix coturnix japonica*), golden phesant (*Chrysolophus pictus*), silver pheasant (*Gennaeus nycthemerus*), duck (*Anas platyrhyncos domestica*), muscovy duck (*Cairina moschata*) and pigeon (*Columba livia*) egg yolk. Jap. Poultry Sci. 17: 109–115.

田名部雄一・杉浦秀次・伊藤和喜．1977. 日本鶏の蛋白質多型による品種の相互関係と系統に関する研究．I. 血漿アルブミン・エステラーゼ・アルカリ性ホスファターゼの多型現象．家禽会誌 14: 19–26.

田名部雄一・新城明久・菊池修二・長田芳枝・平澤章子・龍田　健．1988. 日本鶏特に岐阜地鶏，岩手地鶏，ウタイチャーンの生化遺伝学的研究．昭和60–62年度科学研究費補助金（総合研究A）研究成果報告書（広島大学生物生産学部）．pp. 121–129.

田中克英．1966. 就巣．（岡本正幹，編：養鶏マニュアル）pp. 154–157. 養賢堂，東京．

田中克英．1980. 産卵生理．（農業技術体系 5. 基礎編）pp. 87–100. 農山漁村文化協会，東京．

都築政起・山本義雄．1999. QTL解析を経済形質を支配する遺伝子の同定に利用する．（動物遺伝育種シンポジウム組織委員会，編：家畜ゲノム解析と新たな家畜育種戦略）pp. 321–325. シュプリンガー・フェアラーク東京，東京．

Tsudzuki, M., S. Onitsuka, R. Akiyama, M. Iwamizu, N. Goto, M. Nishibori, H. Takahashi and A. Ishikawa. 2007. Identification of quantitative trait loci affecting shank length, body weight and carcass weight from the Japanese cockfighting chicken breed, Oh-Shamo (Japanese Large Game). Cytogenet Genome Res. 117: 288–295.

Vajok-Kasikiji, L. S. 1960. Poultry production in Thailand. Proc. 9th. Pacific Sci. Congr. 2: 183–185.

Valverde, J. R., R. Macro and R. Garesse. 1994. A conserved heptamer motif for ribosomal RNA transcription termination in animal mitochondria. Proc. Natl. Acad. Sci. USA. 91: 5368-5371.

von den Driesch, A. 1976. A guide to the measurement of animal bones from archaeological sites. Peabody Museum of Harvard University, Massachusetts. pp. 103-129.

Wallis, J. W., J. A. Martien, A. M. Groenen, R. P. M. A. Crooijmans, D. Layman, T. A. Graves, D. E. Scheer, C. Kremitzki, M. J. Fedele, N. K. Mudd, M. Cardenas, J. Higginbotham, J. Carter, R. McGrane, T. Gaige, K. Mead, J. Walker, D. Albracht, J. Davito, S.-P. Yang, S. Leong, A. Chinwalla, M. Sekhon, K. Wylie, J. Dodgson, M. N. Romanov, H. Cheng, P. J. de Jong, K. Osoegawa, M. Nefedov, H. Zhang, J. D. McPherson, M. Krzywinski, J. Schein, L. Hillier, E. R. Mardis, R. K. Wilson and W. C. Warren. 2004. A physical map of the chicken genome. Nature 432: 761-764.

Warren, D. C. 1933. Retarded feathering in the fowl. J. Hered. 23: 449-452.

Washburn, K. W. 1968. Inheritance of an abnormal hemoglobin in a randombred population of domestic fowl. Poultry Sci. 47: 561-564.

渡辺　弘. 1980. 採卵鶏の銘柄と能力，特性.（農業技術体系 5. 基礎編）pp. 125-141. 農山漁村文化協会，東京.

Watanabe, S. 1982. Studies on the polymorphism of protein and isozyme in the three species of jungle fowls. Reported by Grant-in Aid for Co-operative Research（No. 504126, No. 5604355）from the Ministry of Education. Science and Culture of Japan. pp. 9-20.

Wentworth, B. C., H. Tsai, J. H. Hallett, D. S. Gonzales and G. Rajcic-Spasojevic. 1989. Manipulation of avian primordial germ cells and gonadal differentiation. Poultry Sci. 68: 999-1010.

Werret, W. F., A. J. Candy, J. O. L. King and P. M. Sheppard. 1959. Semi albino: a third sex-linked allelomorph of silver and gold in the fowl. Nature 184: 480.

Yamamoto, Y., I. Okada, Y. Maeda, K. Tsunoda, T. Namikawa, T. Amano, T. Nishida and H. B. Rajbhandary. 1992. General analysis of blood groups and external characters of native chicken in Nepal. Rep. Soc. Native Livestock 14: 209-218.

Yamamoto, Y., T. Amano, T. Namikawa, K. Tsunoda, H. Okabayashi, H. Hata, K. Nozawa, T. Nishida, T. Yamagata, N. Isobe, K. Kurogi, K. Tanaka, V. S. Ho, B. L. Chau, X. Vo-Tong, H. N. Nguyen, Q. H. Ha, D. G. Vu and V. B. Binh. 1998. Gene constitution of the native chickens in Vietnam. Rep. Soc. Native Livestock 16: 75-84.

柳井作治．1999. 周年餌付けと問題点．養鶏の友 4: 46–49.
吉岡正三・高野守雄・今村文雄・木村唯一・村上邦夫．1957. わが国の養鶏．（養鶏講座 1）pp. 1–28. 朝倉書店，東京.
Xu, Z., Q. Nie and X. Zhang. 2013. Overview of genomic insights into chicken growth traits based on genome-wide association study and microRNA regulation. Current Genomics 14: 137–146.
Ziehl, M. A. and W. F. Hollander. 1987. Dum, a new plumage-color mutant at the *I*-locus in the fowl（*Gallus gallus*）. Iowa State J. Res. 62: 337–342.

事項索引

[サ行]

[タ行]

[ナ行]

[ハ行]

[マ行]

[ヤ行]

[ラ行]

[ワ行]

生物名索引

［マ行］

［ヤ行］

［ラ行］

［ワ行］

[編者紹介]

林　良博（はやし・よしひろ）

1946年　広島県に生まれる．
1969年　東京大学農学部卒業．
1975年　東京大学大学院農学系研究科博士課程修了．
　　　　東京大学大学院農学生命科学研究科教授，東京大学総合研究博物館館長，山階鳥類研究所所長，東京農業大学教授などを経て，
現　在　国立科学博物館館長，東京大学名誉教授，農学博士．
専　門　獣医解剖学・ヒトと動物の関係学．「ヒトと動物の関係学会」を設立，初代学会長を務め，「ヒトと動物の関係学」の研究・普及・教育に尽力する．
主　著　『イラストでみる犬学』（編，2000年，講談社），「ヒトと動物の関係学［全4巻］」（共編，2008-2009年，岩波書店）ほか．

佐藤英明（さとう・えいめい）

1948年　北海道に生まれる．
1971年　京都大学農学部卒業．
1974年　京都大学大学院農学研究科博士課程中退．
　　　　京都大学農学部助教授，東京大学医科学研究所助教授，東北大学大学院農学研究科教授，紫綬褒章受章，日本学士院賞受賞，家畜改良センター理事長などを経て，
現　在　東北大学名誉教授，農学博士．
専　門　生殖生物学・動物発生工学．体細胞クローンや遺伝子操作など家畜のアニマルテクノロジーを研究テーマとする．
主　著　『動物生殖学』（編，2003年，朝倉書店），『アニマルテクノロジー』（2003年，東京大学出版会）ほか．

眞鍋　昇（まなべ・のぼる）

1954年　香川県に生まれる．
1978年　京都大学農学部卒業．
1983年　京都大学大学院農学研究科博士課程研究指導認定退学．
　　　　日本農薬株式会社研究員，パスツール研究所研究員，京都大学農学部助教授，東京大学大学院農学生命科学研究科教授などを経て，
現　在　大阪国際大学学長補佐教授，日本学術会議会員，東京大学名誉教授，農学博士．
専　門　家畜の繁殖，飼養管理，伝染病統御，放射性物質汚染などにかかわる研究の成果を普及させて社会に貢献することに尽力している．
主　著　『卵子学』（分担執筆，2011年，京都大学学術出版会），『牛病学　第3版』（編，2013年，近代出版）ほか．

[著者紹介]

岡本　新（おかもと・しん）

1957年　宮崎県に生まれる．
1980年　九州大学農学部卒業．
1982年　九州大学大学院農学研究科修士課程修了．
　　　　鹿児島大学助手，同助教授などを経て，
現　在　鹿児島大学農学部教授，農学博士．
専　門　家畜育種学・動物遺伝学．ニワトリの成立に関する研究を染色体，血液タンパク質型，遺伝子などさまざまなレベルの情報に着目して展開する．
主　著　『アニマル・ジェネティクス』（分担執筆，1995年，養賢堂），『アジアの在来家畜』（分担執筆，2009年，名古屋大学出版会）ほか．

アニマルサイエンス⑤
ニワトリの動物学［第2版］

2001年11月6日　初　版第1刷
2019年10月10日　第2版第1刷

［検印廃止］

著　者　岡本　新

発行所　一般財団法人　東京大学出版会

代表者　吉見俊哉

〒153-0041　東京都目黒区駒場4-5-29
電話　03-6407-1069　Fax 03-6407-1991
振替　00160-6-59964

印刷所　株式会社三秀舎
製本所　誠製本株式会社

ISBN 978-4-13-074025-8　Printed in Japan